AF452528

LE

JARDINIER FRANÇAIS.

TABLE DES MATIÈRES

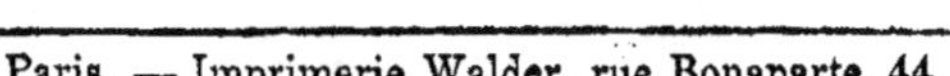

Paris. — Imprimerie Walder, rue Bonaparte, 44.

RUE D'ULM, 40.

1859

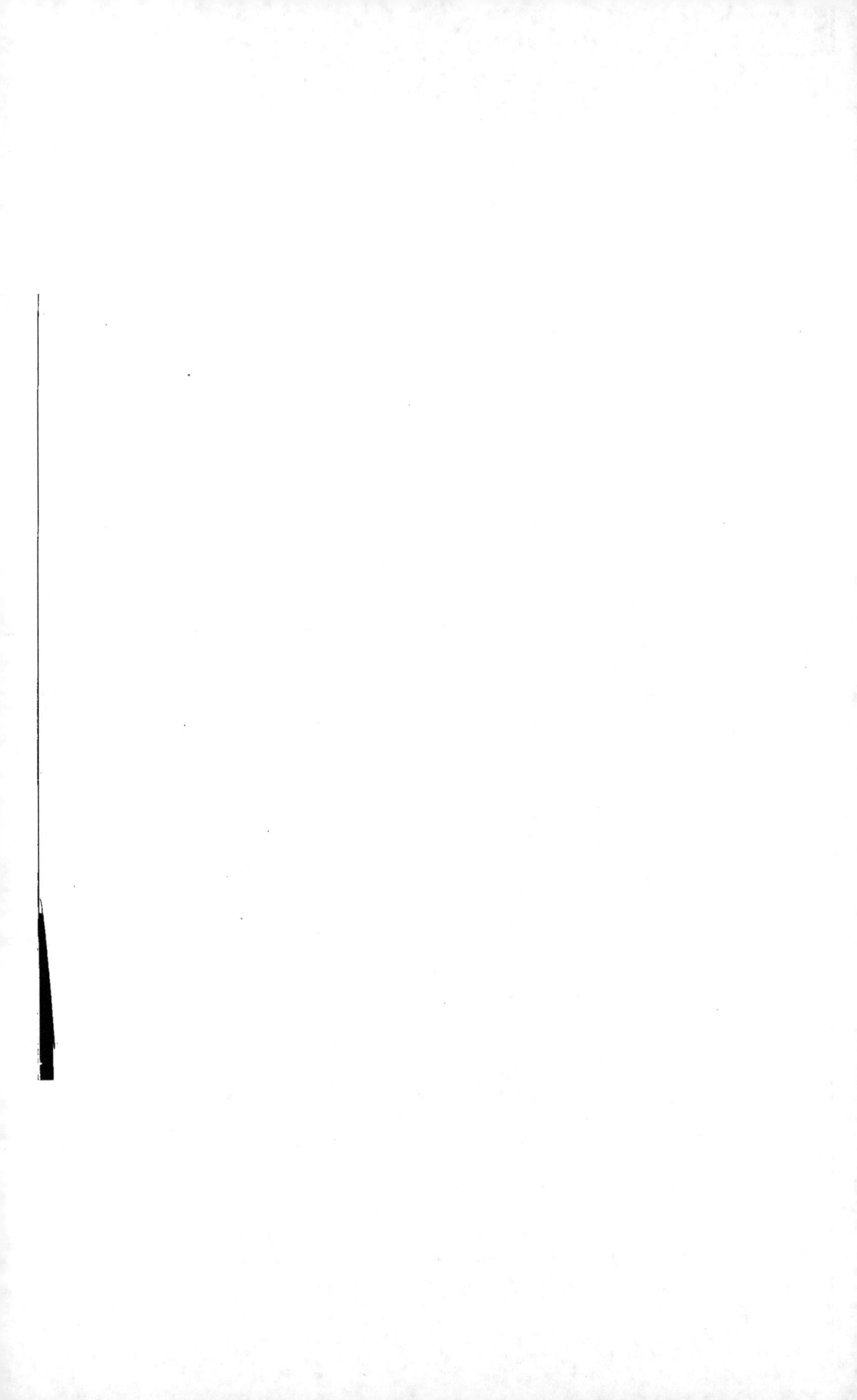

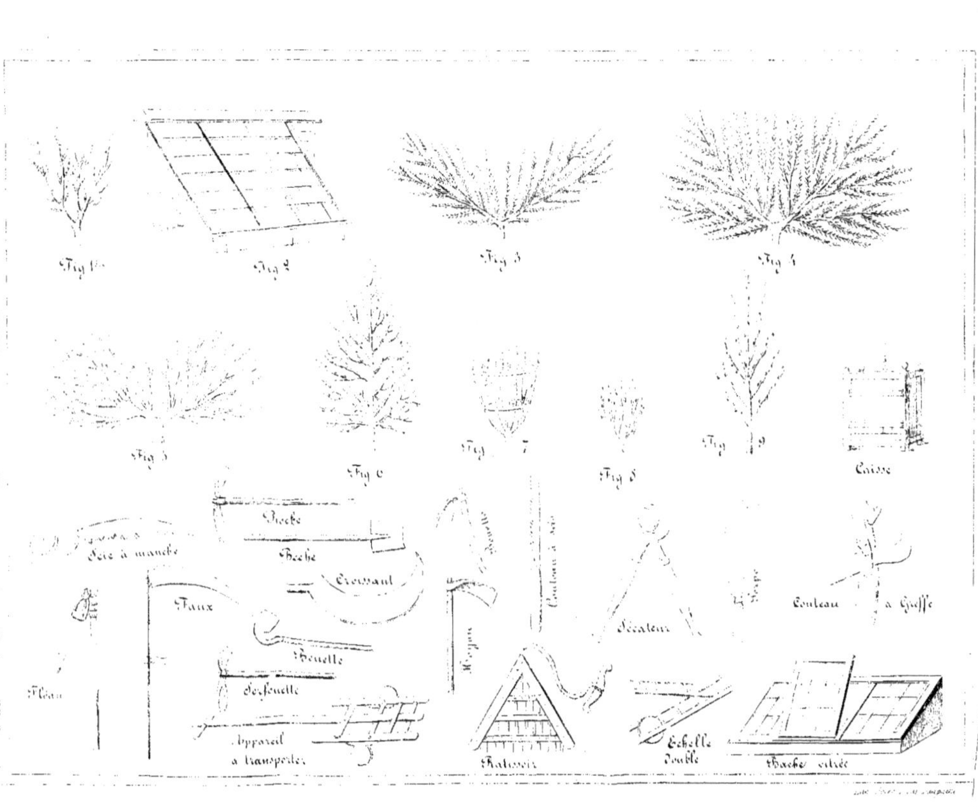

Fig. 1
Fig. 2
Fig. 3
Fig. 4
Fig. 5
Fig. 6
Fig. 7
Fig. 8
Fig. 9
Caisse
Scie à manche
Bêche
Bêche
Croissant
Faux
Serpette
Serfouette
Houette
Fléau
Appareil à transporter
Ratissoire
Couteau à scie
Sécateur
Echelle double
Couteau à greffe
Hache citée

LE
JARDINIER FRANÇAIS,

CONTENANT

L'ART DE CULTIVER LES PLANTES

USUELLES ET D'AGRÉMENT

la description

DES PLANTES MÉDICINALES ET DE LEURS PROPRIÉTÉS

AVEC UN

CALENDRIER COMPLET DES TRAVAUX POUR TOUS LES MOIS

Par M. ANTOINE.

Membre de plusieurs Société d'Horticulture, etc.

ORNÉ DE PLANCHES

PARIS

B. RENAULT ET Cⁱᵉ, LIBRAIRES-ÉDITEURS

RUE D'ULM, 48.

1859

CALENDRIER HORTICOLE.

Janvier.

Travaux d'horticulture.—On fait des couches tièdes pour semer des choux-fleurs tendres, et les repiquer quinze jours après. Sur des couches chaudes, on sème séparément des concombres, des melons, pour les repiquer sur une nouvelle couche, et sans châssis, quinze jours ou trois semaines après. Pour assurer la reprise du repiquage, il serait bon de les semer en petits pots. On continue la culture sur couches, sous cloches et sous châssis, des laitues à couper, des laitues pommées, printanières, telles que la crêpe et la gotte, des radis, des fournitures de salades, comme pourpier, cerfeuil, cresson alénois, oseille, estragon, persil, chicorée sauvage; on y réchauffe des asperges, des pieds de baume, des cives, du céleri, et d'autres fournitures de salades choisies parmi les plantes potagères. Sous des châssis exprès, on force des fraisiers en pot, mais ils demandent une couche à part et recouverte de tan ou bois pourri, mêlé de chaux; on force de la même manière, mais en bâches, des petits pois, des haricots, des mélongènes, des pastèques, cardons, carottes, des plantes, des arbustes à fleurs, tels que la plupart des liliacées, jacinthes, tulipes, etc., des orangers, myrtes, héliotropes, rosiers mololença, diosma; dans des bâches plus hautes ou dans des serres, on commence à échauffer des vignes, des pêchers, des abricotiers, des cerisiers, poiriers et pommiers. On utilise les places vides en faisant fleurir des narcisses, jonquilles, renoncules, anémones ; en y cultivant, près des jours et en pots, des haricots hâtifs, des petits pois nains. Le point essentiel, pour réussir dans ces primeurs, est de soutenir constamment la chaleur de quinze à vingt degrés pour les plantes herbacées, et de vingt à vingt-cinq pour les arbres et arbustes ; ne pas les noyer d'eau, afin de conserver la chaleur des couches, leur donner le plus de lumière possible, et renouveler l'air toutes les fois que le temps est favorable. On peut encore, si le temps le permet, se procurer quelques primeurs en semant le long des murs exposés au midi des pois hâtifs, des fèves de marais, et de l'oignon, que l'on recouvre avec des lits épais de litière et des paillassons, pour être enlevés toutes les fois que le temps le permet, et que l'on replace exactement. Dès que les tigelles commencent à sortir de terre, on profite du beau temps pour leur donner de l'air.

Pleine terre. — Si le temps est doux, on peut encore planter des anémones, renoncules, oignons-de tulipes, jacinthes et autres plantes bulbeuses qu'on aurait oubliées en automne, mais ces plantations ne valent jamais les premières. Dans les terres sèches et légères, on peut aussi planter avantageusement des arbres ; mais la reprise en est plus assurée quand on le fait en novembre et décembre ; si les terres sont fortes et humides, attendez février et mars. On éclate les touffes de quelques plantes vivaces et robustes pour refaire des bordures, soit dans le potager, comme par exemple l'oseille, soit dans le jardin fleuriste, comme primevères, staticées, etc. C'est dans les premiers jours de janvier que l'on sème les graines d'une germination lente, telles que celles de rosier, les noyaux de prunier, mérisier, Sainte-Lucie, abricotier, pêcher, amandier. Ce mois est favorable pour tous les travaux de la terre. Que l'on se garde, en les faisant, de découvrir les racines des plantes ou des oignons, car ils périraient par la gelée. On mine, on dresse les terres destinées à être plantées et ensemencées au printemps ; on transporte les fumiers et autres engrais en place ; on prépare les terres naturelles et artificielles ; on nivelle et on trace les jardins ; on marque les endroits destinés aux plantations, on dessine les allées.

Serres. — Il faut visiter les plantes, les nettoyer, enlever les feuilles moisies, la poussière et les ordures qui se trouvent dans la bifurcation des plantes ; on tranche jusqu'au vif les parties pourries. Dans les grande froids, le feu doit être soigneusement entretenu, la serre doit être éclairée et l'orangerie maintenue autant que possible à zéro, afin qu'il n'y ait pas de végétation, ce qui arriverait infailliblement si on élevait la température de quatre à six degrés ; dans ce cas, les rameaux que ces plantes pousseraient seraient étiolés et périraient au printemps en entraînant toute la plante dans leur perte. La serre chaude sera maintenue entre quinze et vingt degrés, la serre tempérée entre huit et dix et l'orangerie entre trois et cinq du thermomètre de Réaumur. Si le froid est vif, on couvre les panneaux avec de la litière sèche, des feuilles, de la paille et des paillassons ; on les découvre toutes les fois qu'il fait du soleil, afin de faire jouir les végétaux de l'influence de la lumière ; on modère les arrosements afin de ne pas donner d'humidité ; si les couches ont perdu une partie de leur chaleur, on les remanie, on met dessus le fumier qui était dessous, on ramène le tan des bords de la couche dans le centre, et par ce moyen on obtient une nouvelle chaleur qui dure jusqu'en mars. Dans les bois, on plante les arbres dont on réserve le pivot et les grosses racines, en coupant les branches latérales.

Février.

Travaux de jardinage. — Continuer les travaux de janvier, semer sur couches les graines de fleurs qui viendraient trop tard, ou dont on ne jouirait pas assez longtemps, si on les semait en pleine terre, telles que différentes espèces de quarantaines, giroflée, amaranthe, amaranthoïde, pervenche de Madagascar, sensitive, datura fastueux, coréopsis, lotier de Saint-Jacques, cobæa, verveine de Miquelon, dahlia, molope trifide, lavater trimestre, sauge éclatante, etc. ; semer aussi sur couches les graines de plantes exotiques cultivées en serre, et qui ne lèvent qu'à une haute température. Continuer de donner aux plantes qui sont dans la serre les mêmes soins qu'en janvier ; mais comme le soleil commence à prendre de la force, qu'il échauffe et sèche l'intérieur de la serre, l'humidité et la pourriture sont moins à craindre ; renouveler l'air toutes les fois que le temps le permettra ; si, par un beau soleil, l'air extérieur était trop frais pour qu'on ne pût ouvrir quelques châssis sans danger, on exciterait une légère vapeur dans les serres, en seringuant les feuilles des plantes, et en répandant de l'eau dans les sentiers ; continuer d'entretenir les plantes dans la plus grande propreté, en leur ôtant soigneusement les feuilles mortes, les parties altérées et en binant la terre des pots ; les arrosements exigent des précautions par rapport à la nature de chaque plante et à leur état de vigueur plus ou moins grande.

Semer des pois hâtifs et des fèves de marais, après le 15, semer sur côtière des épinards, de l'oignon et du poireau destinés à être replantés plus tard ; semer du persil en planche ou en bordure. Planter sur des côtières favorables de la romaine verte élevée sous cloche, de la graine d'asperge en pépinière ou en place. Donner de l'air aux artichauts et aux céleris toutes les fois que le temps est doux, et les recouvrir si vous êtes menacé de la gelée ; à la fin du mois, replanter les bordures d'oseille, de thym et d'estragon, pendant le mauvais temps, faire les paillassons et mettre les outils et ustensiles de jardinage en bon état, réchauffer les couches garnies de semis ou de plantes déjà repiquées, en faire d'autres sur lesquelles on repique à demeure des concombres et des melons, des laitues gottes et crêpées, de la romaine blonde, des choux-fleurs hâtifs ; continuer de semer des melons, des concombres, des radis, des laitues pommées, des romaines, différentes espèces de fournitures, de la laitue à couper en attendant la laitue pommée ; détruire les couches faites en décembre qui sont vides et ont perdu de leur chaleur, prendre le fumier non consommé que l'on mêle avec du neuf pour faire de nouvelles couches ; semer des pois nains à châssis, des haricots nains, et des fèves peu après, pour les repiquer ensuite sur couches tièdes ; planter des asperges sur couches, pour remplacer celles dont le produit s'épuise où est épuisé, et en former de nouvelles planches en pleine terre, ainsi que des fraisiers ; semer des choux-fleurs et des aubergines qui se trouveront bons à être plantés en mars sur couches ou sur cotières.

Les travaux indiquée pour le mois précédent et concernant les arbres se continuent dans celui-ci ; mais il est temps de penser sérieusement à terminer les plantations en terre sèche et légère ; continuer la taille des pommiers et poiriers, achever celle de la vigne dans le mois : plus tard, il en découlerait des pleurs qui nuisent à son développement ; rabattre la tête des framboisiers pour les faire pulluler et obtenir plus de fruits. Si en décembre ou janvier on n'a pas coupé et fiché en terre au nord sa provision de greffe en fente, on aura soin, à la fin de mars et avril lors de la taille, de choisir parmi les rameaux supprimés, les plus propres à la greffe, et on les fichera en terre, chacun au pied de son arbre pour éviter les erreurs, jusqu'à ce qu'on en dispose. Après le 15 du mois, on entreprend le labour général partout où les arbres sont taillés, afin qu'il soit terminé quand les hâles de mars arriveront. On peut encore, si on ne l'a pas fait plus tôt, couper les rameaux d'arbres et d'arbrisseaux qui reprennent de boutures et les disposer comme il est dit dans le mois précédent ; on peut semer des pépins de poiriers et de pommiers ainsi que plusieurs graines d'arbres et d'arbrisseaux qui n'ont pas d'enveloppe osseuse, tels que marronniers, châtaigniers, érables, frênes, ébéniers, rosiers, etc.

Il faut, en ce mois, visiter tous les arbres et arbrisseaux du jardin d'agrément pour les nettoyer de leur bois mort, supprimer les branches nuisibles ou mal placées, puis labourer les bosquets et massifs, ainsi que le pied des arbres isolés ; ce travail doit se faire plutôt à la houe fourchue qu'à la bêche, pour ne pas couper les racines, qui, surtout dans les massifs, courent çà et là presque à la surface de la terre. On peut aussi labourer les parties destinées à être mises en gazon et le semer à la fin du mois. Rafraîchir les filets ou bordures du gazon afin qu'ils ne s'avancent pas trop dans les allées ; achever d'emplir de terre de bruyère les fossés où l'on doit planter des rosacées en mars ; planter en mottes plusieurs plantes vivaces et bisannuelles sur les plates-bandes du parterre, si on n'a pu le faire en automne, telles que œillet de poëte, julienne, giroflée, soleil vivace, verge d'or, aster, etc. Semer en bordures ou dans des petits pots de la giroflée de Mahon, pied-d'alouette, pavot et coquelicot, réséda, et plusieurs autres fleurs qui réussissent peu étant transplantées. Si on ne craint plus de fortes gelées, replanter toutes espèces de bordures, comme buis, lavande, sauge, hyssope, pâquerette, mignardises, etc. Des couches sont utiles dans les jardins d'agrément, pour se procurer du terreau et avancer ou refaire certains arbrisseaux, tels que l'héliotrope, différents jasmins, l'oranger et plusieurs rosiers.

Mars.

Travaux d'horticulture. — Dans ce mois la terre ouvrant son sein réclame toute l'activité des jardiniers : on ne peut plus retarder les labours ; il faut enterrer les fumiers et engrais, replanter les bordures de fraisiers, d'oseille, d'estragon, etc. On commence à semer abondamment diverses sortes de pois, de fèves de marais, de la romaine, plusieurs espèces de laitues, chicorée sauvage en bordures ou en planches, du cerfeuil, persil, bonne-dame, oignons, poireaux, de la ciboule, des carottes, épinards, raves, radis et tous les légumes de pleine terre, excepté les haricots, parce qu'ils ne peuvent supporter la moindre gelée. On plante les premières pommes de terre hâtives ; on découvre, on débute et on laboure les artichauts ; après le 15 du mois on laboure et on fume les asperges, on met en terre les bulbes et racines de l'année dernière destinées à porter graines, telles que céleri, oignons, carottes, navets, betteraves, etc. ; et pour éviter les mauvais effets du hâle et petites gelées qui règnent ordinairement dans cette saison, on recouvre les semis et plantations d'une mince couche de terreau ou d'un léger paillis ; on plante les asperges, mais en terre forte et froide ; il vaut mieux attendre jusqu'aux premiers jours d'avril ; s'il reste encore des salsifis, on les arrache et on les porte dans la serre, afin d'en retarder la pousse. On continue dans ce mois d'entretenir la chaleur des couches sur lesquelles sont plantés à demeure des melons et concombres de première saison et les choux-fleurs. On replante sur de nouvelles couches pour la seconde saison des melons et concombres, des choux-fleurs et des laitues déjà élevées, des aubergines, et on sème de menues graines pour la troisième saison ; on sème en outre des raves, des salades et fournitures pour attendre les produits de la pleine terre, des haricots, les uns pour donner en place, les autres pour être replantés ou sur couche ou sur bonne côtière avec des soins convenables ; il faut encore planter des pieds d'asperges sur couches et en former quelques planches en pleine terre, pour attendre la saison où ce précieux végétal donne naturellement.

On doit achever en mars la taille de tous les arbres fruitiers en espaliers, excepté ceux qui sont d'une trop grande vigueur, afin de leur laisser porter un peu de sève dans les bourgeons à supprimer, ainsi que les pêchers pour ne pas hâter la floraison qui pourrait être endommagée par les gelées tardives ; quant aux contre-espaliers et aux quenouilles on pourra les tailler aussi ; mais pour l'espalier tous les rameaux qui doivent être attachés le seront immédiatement après la taille, avant que leurs yeux se soient allongés, afin que ceux-ci ne puissent être cassés ou abattus dans l'opération de l'attache ; après avoir enlevé tout le bois supprimé, on labourera le pied des arbres et l'on y répandra un bon paillis ; on doit aussi se hâter d'achever les plantations en pépinière, de tailler les quenouilles et les arbres à hautes tiges, de leur donner des tuteurs et de labourer le tout ; on marcotte ou l'on butte les mères de coignassier, de paradis, et de tous les arbrisseaux qu'on multiplie de cette manière ; on peut encore semer des pepins de pommier, de poirier, beaucoup de graines d'arbres, d'arbrisseaux, en pleine terre et en terreau ; à la fin du mois on pourra commencer à replanter les boutures préparées, comme nous l'avons dit en février, et les pailler de suite convenablement.

Quant aux travaux de pleine terre, il est temps d'achever les labours, toutes les plantations d'arbres, d'arbrisseaux et de plantes vivaces, excepté les arbres verts et résineux, que l'on plante avec plus de succès; enfin il faut donner au jardin toute la propreté qu'il exige, en ratissant et en sablant les allées si elles en ont besoin et nettoyant les gazons de tout ce qui peut nuire à leur beauté ; on peut encore semer en boutures, en touffes ou en masse plusieurs fleurs annuelles, comme giroflée de Mahon, pieds d'alouette, réséda, pavot et coquelicot, pour succéder aux semis d'automne, ou pour les remplacer s'ils ont mal réussi. On sème sur couche des balsamines, des quarantaines, des seneçons des Indes, belles-de-nuit, capucines, zinuci élégant, cosmos pinatifide, ainsi que plusieurs autres plantes, pour en hâter la floraison, ce qui n'empêche pas d'en semer aussi à bonne exposition en terre légère jusqu'au 15 avril. On dépose à nu sur une couche les tubercules de dahlia, on les recouvre de châssis pour que la chaleur les mette en végétation et détermine la sortie des bourgeons de leur collet ; alors on divise les touffes en ayant soin que chaque tubercule emporte au moins un bourgeon et on les plante dans des pots tenus sur couche ou du moins en châssis jusqu'au moment de les planter en place ; on met sur une couche tiède de petits orangers malades, ainsi que plusieurs autres plantes de serre qui sont dans le même cas; après on visite leurs racines et rafraîchit les tiges s'il y a lieu ; dans ce cas, il est ordinairement avantageux de dépoter les plantes, de mettre leurs racines à nu dans la terre de la couche ; à l'automne elles sont refaites et on les rempote pour entrer en serre.

Serres, bâches, orangerie. — Le soleil prenant de la force, on n'a plus besoin de faire souvent du feu ; il est même quelquefois nécessaire de couvrir les serres d'une toile légère pour préserver les plantes dont les pousses souffriraient de ses rayons brûlants ; on arrose plus amplement, on seringue les feuilles, on répand de l'eau dans les sentiers des serres pour produire une vapeur salutaire quand on ne peut donner d'air aux plantes; la propreté est toujours de rigueur. On peut commencer à faire des boutures sous cloches et des marcottes selon les différents procédés. Si l'on n'a pas porté les tubercules de dahlia sur une couche pour exciter leur végétation, on pourra les jeter dans un coin de la serre chaude, où ceux qui seront semés développeront promptement des bourgeons.

Avril.

Travaux horticoles. — Continuer les travaux de pleine terre du mois de mars, sarcler les semis précédents, éclaircir, œilletonner les pieds d'artichauts et planter les plus beaux œilletons; planter toutes sortes de légumes, pailler toutes les plantations, arroser le matin et dans la journée. Semer chicorée d'été, céleri, cardons en pleine terre, tétragone, choux de Milan et de Bruxelles, raves, radis, épinards, cerfeuil, pois, laitue, romaine, betteraves, haricots dans une bonne exposition, concombres et cornichons sur côtière dans des potolets de terreau, potirons quand on ne les a pas élevés sur couches; étêter les premiers pois, les premières fèves, pour les avancer; cesser de forcer sous châssis les asperges qui donnent naturellement en pleine terre, retirer les réchauds des sentiers, et y remettre la terre qu'on en avait enlevée. Ne plus faire de couches pour les raves, salades, fourniture; en faire pour les haricots, les melons, les concombres, les choux-fleurs, les aubergines, les tomates; à la fin du mois faire des couches sourdes pour planter les melons de la dernière saison, les patates et les primeurs.

Soins à donner aux arbres fruitiers. — Finir la taille, supprimer les bourgeons inutiles ou mal venus, garantir les espaliers des gelées tardives avec des paillassons et des herbes, écheniller, greffer en fente, achever les labours et les plantations, répandre du paillis pour empêcher la croissance des mauvaises herbes, mettre des tuteurs, planter les amandes.

Travaux du jardin d'agrément. — Le nettoyer, semer les plantes annuelles, mouiller, écheniller, semer sur couches les plantes exotiques, donner de l'air aux terres et mouiller.

Mai.

Travaux d'horticulture. — Pleine terre. Les travaux de ce mois sont si multipliés qu'il serait trop long de les rappeler tous. Nous dirons seulement qu'il ne doit pas y avoir un seul coin de terre vide ; qu'il faut, dans la première quinzaine du mois, faire la grande plantation des haricots pour manger en sec, ce qui n'empêche pas d'en manger tous les quinze ou vingt jours ; pour manger en vert, ainsi que des pois et des fèves ; et comme les laitues, les romaines, les épinards, le cerfeuil, etc., montent vite en graine, il faut en semer souvent et peu à la fois. On continue le semis de carottes, betteraves, chicorée d'été, céleri, ceux de cardons, de tétragone ; on sème choux de Milan à grosses côtes, brocolis, choux de Bruxelles, choux-navets et navets de Suède, un peu de navets hâtifs ; on met en place du céleri et des cardons élevés sur couches, ainsi que des aubergines, tomates, concombres, cornichons, choux-fleurs ; enfin, on sème en plante de tous les légumes usités dans le pays qu'on habite. On fait des couches tièdes et sourdes pour les melons de la dernière saison, pour des patates, si on ne plante pas ces dernières sur des buttes. On fait aussi des meules à champignons en plein air ; on replante du céleri, des choux-fleurs sur de vieilles couches, pour les faire avancer plus vite qu'en pleine terre, et on les tient à l'eau pour augmenter leur végétation.

Outre les soins généraux de conservation qu'exigent les espaliers, on doit les visiter souvent pour suivre les progrès que fait le développement des fruits, et aviser aux moyens de le favoriser : il faut aussi que le jardinier porte son attention sur l'accroissement des diverses sortes de branches, afin que chacune d'elles atteigne le plus possible le but de sa destination ; quand, par malheur, une branche à fruit d'un pêcher n'a conservé aucune pêche, il convient de la rabattre de suite sur la branche de remplacement, afin que celle-ci prenne plus de force. C'est aussi le moment de supprimer les pousses nuisibles ou mal placées qui auraient pu échapper à l'ébourgeonnement à œil poussant, exécuté le mois précédent. Les soins à donner aux pépinières consistent à surveiller les greffes en fentes, à détruire les limaçons qui pourraient monter les manger, à faire la chasse aux lisettes et coupe-bourgeons, à rattacher les arbres qui se seraient détachés, et enfin à donner le premier binage. On commence à greffer en flûte et en écusson.

Jardin d'agrément. — Le ratissage des allées, le binage des plates-bandes et massifs, l'extraction des mauvaises herbes dans les gazons, et la fauchaison de ceux-ci, sont les principaux travaux de ce mois et du suivant, nonobstant les arrosements ; on met les dahlias en place du 10 au 15 du mois, c'est-à-dire quand on n'a absolument plus de grêles ni de gelées à craindre.

Couches. — Ordinairement on n'en a plus besoin pour élever des fleurs ; mais, en tout temps, elles sont utiles pour recevoir des plantes malades, soit en pot, soit plantées à nu. Il n'y a guère de plantes qui ne soient infiniment mieux sur couches que partout ailleurs.

Orangerie. — Du 10 au 15, on met les orangers dehors, ainsi que toutes les plantes d'orangerie, et, du 15 au 30, on sort de la serre chaude toutes les plantes qui peuvent passer quatre mois dehors, et on en profite pour mettre plus au large celles qui ne sortent jamais. On continue de faire des boutures sous cloche et des greffes en approche.

Serres, bâches. — On lève les châssis des serres tempérées, et on les met à l'abri sous un hangar. On porte dehors les plantes en pot et en caisse, ou on les laisse en place si elles sont en pleine terre, car elles ne craignent pas la chaleur de notre été ; seulement, il ne faut pas les exposer aux rayons directs du soleil. La tradition, l'expérience et la connaissance que l'on a du parallèle et de la hauteur du lieu où croît naturellement chaque plante, apprennent cette distinction. Ainsi on placera les bruyères et une partie des plantes de la Nouvelle-Hollande au levant, ou dans un endroit où les rayons du soleil seront brisés par quelques grands arbres ; si les plantes grasses n'exigent pas précisément le midi, du moins elles ne le craignent pas. Mais toutes les plantes délicates, comme les protées, bruinées, etc., demandent une lumière diffuse.

Juin.

Les travaux, les semis et plantations sont absolument les mêmes, ou plutôt ne sont que la continuation de ceux du mois précédent ; l'important est de faire en sorte qu'on ne manque d'aucun légume de la saison, et que ceux qui doivent donner leurs produits plus tard soient en nombre suffisant et dans un état de végétation satisfaisant. Sous ce dernier point de vue on sèmera des choux-fleurs pour l'automne, des brocolis, des navets, choux-navets de Suède, des choux à grosses côtes, de la chicorée, de la féverole, des haricots, des pois Clamart, un peu de radis noirs; la carotte peut encore se semer dans tout le mois.

Couches. — Les melons ayant envahi toutes les couches, elles n'offrent plus guère, en fait de légumes, que quelques choux-fleurs et des aubergines.

Arbres fruitiers, pépinières. — On visite les espaliers pour veiller au maintien de l'équilibre dans toutes les parties de chaque arbre; l'abricot précoce est le seul fruit qui puisse avoir besoin d'être découvert dans ce mois et dont les branches exigent d'être palissées; quant aux branches des autres arbres, il sera peut-être besoin d'en attacher quelques-unes, d'en pincer d'autres, pour maintenir l'équilibre. Dans la pépinière on entretient la propreté par des sarclages, des binages; on veille à ce que les arbres se forment bien, et en cela on les aide merveilleusement par le pincement et par la suppression des bourgeons inutiles et des gourmands; on peut greffer en écusson à œil portant tous les rosiers, si on n'a pas de raison pour préférer la greffe à œil dormant; on greffe aussi beaucoup d'autres arbres et arbustes.

Jardins d'agrément. — Travaux de pleine terre. La fauche des gazons, le ratissage des allées, le binage des massifs et bosquets, la mouillure des fleurs et des nouvelles plantations, sont les plus grandes occupations de ce mois; il ne faut cependant pas négliger de donner de bons tuteurs à toutes les plantes qui ne se soutiennent pas d'elles-mêmes, telles que les roses trémières, les dahlias, quelques asters, etc.; de donner des rames ou échalas à celles qui grimpent, comme les convolvulus, cobæa, clématite, etc. On coupe les tiges de toutes les plantes herbacées dont la fleur est passée, en ne réservant que celles dont on veut bien recueillir des graines.

Couches. — Les couches qui ont servi à élever des fleurs sont excellentes pour recevoir des plantes languissantes, soit qu'on les y place à nu ou en pots ; avec les soins nécessaires, des mouillures bien raisonnées, ces plantes deviennent promptement en parfaite santé.

Serres, bâchis. — Les soins à donner aux plantes restées en serre consistent à les ombrer quand le soleil est trop ardent, et à les entretenir dans un grand état de propreté. On fait des boutures sous cloche, et des greffes en approche comme dans le mois précédent. Quant aux plantes de serre mises dehors, la mouillure à propos est de grande nécessité ; viennent ensuite le binage des pots et caisses, l'entretien des tuteurs, des abris, de leurs formes, et l'attention que ces plantes n'enfoncent pas de trop grosses racines en terre au travers des fentes de leurs pots.

Juillet.

Travaux horticoles. — Potagers. Travaux : Continuer les semis, les plantations de tous légumes, tels que haricots, pois, fèves, concombres, cornichons, aubergines, choux-fleurs d'automne, brocolis, choux-navets, carottes, navets, etc. ; on sème pour l'année suivante choux pommés, choux d'York ; enfin le jardinier aura soin de récolter les graines à mesure qu'elles mûriront. Le moment des grands arrosages est arrivé si la saison n'est pas pluvieuse. Produits : tous les légumes. Continuer à semer tout ce qui peut être consommé ou recueilli avant les gelées : raves, radis, salades, fournitures, et même haricots, pois, fèves, si on peut les couvrir de châssis la veille des premières gelées. Semer pour l'automne et l'hiver des navets, mâches, cerfeuil, épinards ; pour l'année suivante, choux d'York, pain-de-sucre, cabus, choux-fleurs, etc., pour repiquer sur les premières couches que l'on fera en décembre. Continuer les meules de champignons, amonceler le fumier pour l'époque où il faudra faire des couches, buter le céleri, empailler les cardons.

Produits. — Les légumes ne sont pas moins abondants que le mois précédent, et plus faciles à obtenir, la chaleur étant plus modérée.

Vergers et pépinières. — Travaux : Continuer les greffes

des sujets dont la séve était trop forte le mois précédent; donner le dernier sarclage dans les pépinières, mettre les plus belles grappes de raisin et particulièrement les chasselas en sac pour les préserver des insectes et des oiseaux.

Produits. — Excellents fruits de toute espèce : fraises des quatre saisons, cerises du nord, melons sur couches sourdes, deuxièmes figues, si l'on a pincé les bouts des rameaux; les meilleures pêches, le chasselas et le muscat, les prunes reine-Claude, damas, diaprée, Sainte-Catherine, couetsche; les poires beurré gris, d'Angleterre, doyenné, bon chrétien d'été, gros rousselet, etc.; les pommes reinettes jaunes, hâtives et belles d'août.

Jardins d'agrément. — Travaux : Même disposition que dans le mois précédent. Surveiller la maturité des graines, afin de récolter chacune au moment convenable; commencer le mouvement des terres, afin qu'elles aient le temps dé s'affaisser avant qu'on les plante de nouveau. On plante des jacinthes, jonquilles et tulipes; on sème des quarantaines pour repiquer en caisse. Vers le 15 on rentre les plantes de serre chaude et on se hâte d'achever le rempotage de celles de terre tempérée et d'orangerie; à la fin du mois on remplace les panneaux des serres, bâches et châssis.

Produits. — Les plus jolies fleurs sont l'amaryllis belladone et le colchique d'automne; on a en abondance les asters, soleils, grandes sarrettes, verges d'or, coréopsis, silphium; les dahlias, balsamines, reines-marguerites, œillets et roses d'Inde brillent surtout dans les parterres; on a aussi des pavots et coquelicots, si l'on en a semé au printemps, et des bordures de thlaspi, giroflée de Mahon, si on en a semé en juin et juillet.

Août.

Travaux horticoles. — Quand il ne pleut pas on arrose les concombres et les cornichons, et même s'il tombe un peu de pluie, les choux-fleurs, les cardons, le céleri Maine, l'oignon blanc, le poireau, le salsifis, les scorsonères, la laitue de la Passion, les épinards, le cerfeuil, les navets, les mâches, les carottes, les choux-fleurs durs, les choux d'York et pain de sucre ; on replante en pleine terre sur allée ces quatre dernière plantes. On fait les semis quinze jours plus tôt ou plus tard, suivant la nature du terrain. On fait des mouillures, sarclages et binages ; on lie la chicorée et l'escarole ; on bute le céleri par petites parties, et souvent on empaille les cardons et les cardes de poirée. Si les plants du fraisier sont dégarnis, ou ont plus de deux ans, ou on en fait de nouveaux ; on replante les bordures d'oseille, de lavande, d'estragon, d'hyssope, etc. On fait des meules de champignons en plein air ; on abat la tige des oignons rouges pour empêcher la séve de monter et les mieux faire mûrir.

Travaux fructicoles. — On palisse complétement, en laissant les branches qui poussent encore et ne sont pas assez longues. On ébourgeonne les arbres dans la pépinière, on greffe en écusson à œil dormant toutes les espèces d'arbres fruitiers, arbres et arbustes d'ornement, on recueille les fruits à mesure qu'ils mûrissent.

Travaux des jardins d'agrément. — On lève en mottes les fleurs annuelles d'automne, qui n'ont pas été mises en place, telles que balsamines, reines-marguerites, œillet d'Inde, etc. On serre les marcottes d'œillets et on les plante en pots ou en pleine terre. On sème des quarantaines pour repiquer ; on sème en place adonis, pied-d'alouette, thlaspi, coquelicot, pavots, bluets, et vers le 15 on rempote les plantes qui en ont besoin, afin qu'elles puissent reprendre avant l'hiver ; on met les plantes à l'ombre pour faciliter leur reprise ; ratissage, arrosement, binage, coupe de gazon, tonte de bordure, tout est le même que dans le mois précédent.

Septembre.

Travaux en pleine terre : on continue donc de semer et planter ce qui peut être consommé ou recueilli avant les gelées, comme raves ou radis, diverses salades et fournitures, même des haricots, pois et fèves, si on peut les couvrir de châssis, la veille des premières gelées ; on peut encore semer, pour l'automne et l'hiver, des navets, des mâches, du cerfeuil,

chervis, ciboule, chicorée, persil, roquette, et des épinards ;
et pour l'année suivante, des choux d'York, pommé hâtif,
frisé hâtif, de Bonneuil, de Milan, pain de sucre, câpres,
choux-fleurs, de la laitue de la Passion, que l'on repiquera en
côtière ou en pépinière et même sur les premières couches
que l'on fera en décembre ; on bute le céleri ; on en arrache
pour le replanter dans de profondes rigoles, pratiquées dans
le terreau des vieilles couches, ou tous autres. On empaille la
chicorée et les cardons pour les faire blanchir ainsi que des
cardes de poirée, si on n'aime mieux les planter en rigoles
comme le céleri, ce qui est plus simple et vaut mieux. Si les
pommes de terre sont mûres, on les arrache, on les met dans
un fossé creusé en terre, et on les recouvre de la même terre.
On plante les fraisiers, pour avoir des fruits l'année suivante.
Vers la fin du mois on plante des jonquilles, narcisses et tulipes dans les terres non froides et humides, à moins qu'elles
ne soient garanties au moyen d'une grande litière. On peut
aussi marcotter des œillets pour ne les relever qu'au printemps. On sème des quarantaines pour repiquer de bonne
heure, et d'autres fleurs capables de supporter l'hiver. On peut
encore semer des graines d'anémone, renoncule, et autres
plantes bulbeuses ou tubercules à éclater, les plantes vivaces
à tiges persistantes, comme violettes, oreilles-d'ours, primevères et autres analogues.

Octobre.

Mâches et épinards à leur exposition ; ils donnent leurs
produits au mois de mars. On sème sur ados, au pied d'un
mur, au midi, des pois d'hiver et des pois michaux. On
plante, pour en faire usage au besoin, des œilletons d'artichaut que l'on fait blanchir. On repique, soit en pépinière
pour n'être replantés qu'en février ou en mars, soit en place,
les jeunes choux d'York et les choux à pomme semés en
août ; il convient surtout de mettre les choux d'York en pépinière sur les ados exposés au midi ou dans les plates-bandes,
le long des murs, à même exposition. On repique les choux-
fleurs semés en septembre, les laitues d'hiver et plants d'oi-

gnons blancs. On continue d'empailler les cardons et de buter le céleri pour le faire blanchir. On nettoie les planches d'asperges et d'artichauts de toutes leurs vieilles tiges, afin qu'ils soient prêts à être couverts au besoin et être préservés du froid et de l'humidité. Il faut buter les artichauts, non avec la terre qui se trouve au pied, ce qui les expose à la gelée, en découvrant la racine, mais avec de la terre rapportée. La paille, les feuilles sèches, le fumier, peuvent servir à les couvrir. On peut déjà planter les arbres fruitiers dans des terrains légers et secs; on élague les arbres, on les nettoie de leurs branches mortes ou mal placées. On plante encore des plantes à bulbes ou à oignons; elles résistent mieux à la gelée que celles plantées en septembre, et elles fleurissent presque aussitôt.

On peut risquer quelques plantes annuelles craignant peu le froid. C'est le moment de séparer et lever les marcottes d'œillets pour les mettre en pots et en place, les marcottes et boutures d'un grand nombre d'autres plantes, et les drageons et rejets enracinés. On sépare, on éclate les touffes de la plupart des plantes vivaces, soit pour massifs, soit pour bordures, opération qui doit se faire avec les mains et par déchirement.

On sépare les bulbes et caïeux des plantes que l'on aurait négligées. On défait toutes les vieilles couches pour en tirer les terreaux ou fumiers qui servent à l'amendement des planches et carrés. On commence l'amendement des terres. On couvre et empaille les jeunes plantes délicates, et surtout les semis. On profite du beau temps pour tondre les haies, les charmilles, les palissades, les tourelles, etc. On ne doit fumer les plantes bulbeuses qu'avec des engrais consommés, autrement elles périraient. C'est l'époque de recréer, de reconstruire ou modifier son jardin, de renouveler les bordures et les changer de situation s'il est utile, de niveler les allées, de semer du gazon, le cerfeuil, ciboules, raiponces, coriandre, laitue gotte, mâche, panais, pimprenelle, pois d'hiver, cresson, épinards, laitues crépées, de la Passion et coquille, raves, radis, raifort, roquette, romaine et romaine hâtive; de planter les fraisiers, l'hyssope, la laitue, la lavande,

les oignons blancs, l'oseille; de semer le réséda, l'immortelle
et quelques autres plantes annuelles rustiques; de planter les
anémones, jacinthe, narcisse, marcottes, boutures, drageons,
arbustes, renoncules, tulipes et oignons à fleurs. On ramasse
tous les fruits; ceux qui ne sont pas arrivés à maturité mûrissent dans le fruitier. On plante encore dans le mois d'octobre certains arbrisseaux, tels que le myrte, romarin, etc. On
met en serre les orangers, citronniers et figuiers, et tous les
arbres ou plantes auxquels le froid peut nuire. On donne la
dernière façon aux allées; on ramasse les feuilles qui tombent; on coupe les tiges des plantes vivaces qui ont cessé de
fleurir; on nettoie, on fume et on laboure les plates-bandes
dégarnies pour y planter des œillets de poëte ou des scabieu-
ses. On peut planter, en les exposant à la lumière sur le de-
vant des carrés, les plantes herbacées et toujours vertes;
donner aux pots et aux caisses un labour; en prolongeant la
végétation des camélias, ils peuvent encore se greffer en fente
et se bouturer sous cloche avec succès. Une foule de fleurs
embellisent encore les parterres, notamment les roses Bengale, noisettes, muscades, la sauge éclatante, les nombreux
dahlias, etc., et plusieurs asters et phlox, etc.

Novembre.

Travaux d'horticulture. — Les travaux de pleine terre
sont peu considérables dans ce mois; il est encore temps de labourer et buter les artichauts après avoir coupé les montants
et raccourci les plus longues feuilles; on butte aussi le céleri
en place et on en arrache pour le planter profondément dans
un terreau de vieilles couches, où il blanchit plus promptement; on repique encore sur côtières des choux-fleurs d'York,
cabus, et des laitues d'hiver; on peut même mettre immédiatement en place une portion des choux d'York et cabus, ils y
gagneront si l'hiver n'est pas rigoureux; si la gelée menace,
on arrache une provision de carottes, betteraves, navets, poireaux, chicorée frisée, etc., que l'on porte dans la serre à légumes; les racines s'accumulent en tas dans les encoignures,
en mettant alternativement un lit de racines et un lit de terre

légère ou de sable, les autres légumes se placent avec leurs racines l'un contre l'autre, on met de la litière ou des feuilles sur les artichauts, céleri, chicorée et escarole restés en place. On arrache les choux-fleurs qui manquent et on les replante près à près dans la serre à légumes après avoir coupé une partie de leurs plus grandes feuilles, ou bien on les replante dans de larges tranchées creusées en terre et sur lesquelles on place des châssis, ce dernier moyen est préférable au premier. Les jeunes choux-fleurs repiqués sur côtière, dans le mois précédent et dans celui-ci, veulent être couverts de litière légère lorsqu'il gèle et découverts toutes les fois que le temps se radoucit. On sème encore sur des couches, sur du terreau ou sous cloches, laitue crêpe, gotte, romaine verte, choux-fleurs durs, pour être traités comme les pareils semis du mois précédent. On fait des couches tièdes sur lesquelles on sème de la laitue à couper, des raves et des radis roses, du cresson, du cerfeuil, on y replante les plants assez forts de semis de salade et choux-fleurs faits en octobre, et l'on continue les semis et plantations sur couches d'asperges, d'oseille, d'estragon, de persil, etc., jusqu'à ce qu'on puisse les faire en pleine terre, c'est-à-dire en mars et avril; mais il faut pour cela avoir toujours en avance un tas de fumier neuf pour faire successivement de nouvelles couches et de nouveaux réchauds pour entretenir leur chaleur. On commence à forcer des asperges en pleine terre, et à en chauffer sur couche, on a dû poser des châssis sur un ou plusieurs plants de fraisiers quatre-saisons en plein rapport, pour entretenir leur végétation, de manière que les récoltes de fraises ne soient pas interrompues pendant l'hiver. A la fin du mois on sème les premiers concombres, en petits pots sur couches et sous châssis, pour être mis en place sur une autre couche à la fin du mois suivant. On peut commencer à tailler les arbres à fruits à pépins qui sont vieux ou faibles, afin que la sève ne monte pas inutilement dans les bourgeons à supprimer; on arrache les arbres usés ou à supprimer, et on en change la terre de suite afin de pouvoir les remplacer le plus tôt possible. Les travaux de la pépinière ne consistent guère que dans la levée des arbres, à mesure qu'on en a besoin, et dans le défoncement du terrain que l'on destine à une nouvelle plantation ; toutes les fois qu'on en aura la possibilité, on fera bien d'attendre trois ou quatre ans avant de replanter des arbres-tiges dans le carré qui vient d'en produire, et au bout de ce temps on fera encore bien de n'y pas remettre la même espèce ; en attendant on y sème des légumes ou des graines. Quand les figuiers ont perdu leurs feuilles, ou même plus tôt si on craint les gelées, on rassemble leurs branches en faisceaux, et on les enveloppe avec de la paille ou de la fougère sèche, on couvre également dans la pépinière les arbres, arbrisseaux, semis et plantes que l'on sait craindre la gelée. On peut faire dans les terrains secs et légers des plantations d'arbres fruitiers et autres, ils réussissent mieux qu'au printemps. Ainsi qu'on a dû le faire depuis le 15 du mois précédent, il faut, une fois par semaine, ramasser au râteau toutes les feuilles qui tombent dans les allées, sur les pelouses, afin de s'en servir pour couvrir les plantes délicates ou pour mélanger avec le fumier des couches, ou enfin pour les faire pourrir et obtenir un terreau particulier. On arrache toutes les plantes annuelles dont les fleurs sont passées, et on replante toutes sortes de plantes vivaces : elles fleurissent mieux l'année suivante que si on les replantait au printemps.

C'est aussi le mois le plus favorable pour la plantation de la majeure partie des arbres résineux qu'il vaut mieux planter au printemps, ainsi que la plupart des arbrisseaux dits de terre de bruyère, parce que leurs racines, extrèmement menues et délicates, souffriraient beaucoup pendant l'hiver si on les déplaçait à l'automne. Toutes les plantes de terre et d'orangerie ayant dû être définitivement mises en place à la fin du mois précédent il suffit de les mouiller avec discernement, entretenir dans les terres une température convenable, renouveler l'air le plus souvent possible, et tenir les plantes propres.

Décembre.

Jardinage. — Il y a peu de chose à faire à la pleine terre pendant ce mois, à moins qu'on n'ait des défoncements à opérer ou à continuer. Si cependant le potager est en terre forte, on peut, quand la gelée ne s'y oppose pas, labourer grossiè-rement la terre des carrés vides, afin que les gelées futures la pénètrent, car elle s'échauffera mieux au printemps, et les semis et plantations y prospéreront d'autant plus qu'elle aura été plus divisée ; on s'occupe d'ailleurs à porter les engrais et fumiers où l'on doit les enterrer, à démolir les anciennes cou-ches, à séparer la terre ou le terreau du fumier non con-sommé, à mettre celui-ci de côté pour faire les paillis, ou pour l'enterrer. Pendant les pluies ou le froid rigoureux, on fait des paillassons. On raccommode les outils, les coffres et les châssis, on nettoie les graines et on s'occupe de se procurer celles dont on manque. Si la pleine terre n'occupe guère, les couches, au contraire, occupent beaucoup : il faut en faire successivement, et pour de nouveaux semis, et pour repiquer le plant de ceux faits dans le mois précédent ; aussi, on en fera pour recevoir les concombres semés en pe-tits pots sur couches dans le mois de novembre, pour repi-quer sous cloches des laitues crêpée et gotte, de la romaine, des choux-fleurs, pour semer de la laitue à couper, des radis, des laitues gotte et romaine, destinées à pommer, des con-combres bons à succéder à ceux semés dans le mois précé-dent, et enfin les premiers melons en pot, destinés à être mis en place trois semaines après, sur une autre couche toute neuve. Toutes les couches de primevères se font à 31 ou 46 centimètres l'une de l'autre ; et quinze jours après qu'elles sont semées ou plantées, on emplit de fumier neuf les inter-tervalles pour entretenir leur chaleur ou les réchauffer, on continue d'ailleurs à forcer les asperges en pleine terre et à en planter sur couches tous les quinze jours, parce que les der-nières s'épuisent très-vite. Si le froid vient à surprendre la vé-gétation des fraisiers quatre-saisons sous les châssis, on les entoure d'un bon réchaud de fumier neuf, fait dans une tran-chée autour des châssis, ou simplement posé sur la terre. Toutes les cultures précoces ou forcées doivent être soigneuse-ment garanties des froids de la nuit par de la litière ou de bons paillassons.

Quand il ne gèle pas trop fort, on taille tous les pommiers

et poiriers, excepté ceux qui pèchent par trop de vigueur, mais on doit attendre jusqu'en février, ou jusqu'à ce qu'on ne craigne plus de fortes gelées pour tailler les arbres à fruits à noyaux, parce qu'ils ont le bois plus tendre et qu'ils pourraient être endommagés s'il survenait des gelées un peu fortes après leur taille ; du reste, il n'y a rien à faire aux uns et aux autres, à moins qu'on ne les laboure, et qu'ils n'aient besoin de quelques engrais. Les travaux de la pépinière ne consistent guère que dans la levée des arbres lorsqu'il ne gèle pas, et dans la fumure et le défoncement des carrés que l'on se propose de planter. Si l'on a de jeunes semis de tulipier catalpa, en terrine ou en pleine terre, il sera prudent d'avoir toujours sous la main des feuilles ou de la litière pour répandre dessus, la veille des fortes gelées. Dans les travaux de pleine terre du jardin d'agrément, il ne peut y avoir à faire que des changements de distribution, des plantations, des défoncements pour renouveler les gazons, des rechargements d'allées enfoncées ou dégradées, d'élagages pour obtenir quelque point de vue nouveau ou obstrué par la crue de certains arbres, etc. Il faut entretenir les serres chaudes entre 10 et 20 degrés de température, renouveler l'air toutes les fois qu'il est possible, arroser convenablement les plantes qui poussent un peu, celles qui paraissent dans l'inaction et les tenir toutes dans le plus grand état de propreté, en ôtant les feuilles et les tiges altérées et en binant la terre des pots ; quand le soleil est vif, qu'il gèle dehors, on détermine une légère vapeur humide dans la serre en seringuant de l'eau en forme de pluie sur les feuilles des plantes, et en en répandant un peu dans les sentiers : cette opération doit se faire au plus tard à midi afin que l'humidité soit à peu près dissipée à la nuit. La bâche aux ananas se tient à peu près à la même température que la serre chaude.

Quant à la terre tempérée et à l'orangerie, il suffit que le thermomètre de Réaumur n'y descende pas au-dessous de zéro ; mais on ne s'opposera pas à ce que le soleil y produise une chaleur de 4 à 10 degrés quand il luit et on profite, de ces moments pour renouveler l'air, chasser l'humidité, en ouvrant plus ou moins les châssis ou les croisées aux deux extrémités, et même au milieu de la serre et de l'orangerie, avec l'extrème précaution de les refermer avant la disparition du soleil afin de retenir dedans la chaleur. Les plantes de serre tempérée et d'orangerie se tiennent aussi dans un grand état de propreté; mais on les arrose moins, parce qu'elles ne poussent que peu ou point; les grosses caisses d'orangers, grenadiers, lauriers-roses, n'ont pas même besoin d'être arrosées du tout pendant l'hiver. Les poêles ou fourneaux ne suffisent pas toujours seuls pour entretenir une température convenable dans les serres, lorsque le froid est très-vif dehors; il faut donc avoir toujours sous la main des paillassons que l'on déroule sur le verre, et que l'on tend au-devant des croisées. Quand les fortes gelées menacent, les couvertures sur les vitres pendant la nuit sont même préférables à l'augmentation du feu des fourneaux, parce que dans le premier cas la chaleur est plus uniforme par toute l'étendue de la serre, tandis que dans le second cas, ce qui avoisine le foyer est échauffé avec excès et ce qui est près du verre ne l'est pas assez.

EXPLICATION DES FIGURES.

CULTURE

DES

PLANTES POTAGÈRES

ABSINTHE. Il y en a deux espèces, la grande et la petite. L'absinthe se multiplie de graines ou de rejetons qu'on sépare des vieux pieds et qu'on replante dans l'automne ou au printemps. Elle réussit parfaitement en tout climat et en toute terre, mais elle a plus de vertu dans les pays chauds. Elle n'est pas délicate à élever et résiste fort bien en pleine terre à toutes les rigueurs du temps. Le même pied se conserve quinze et vingt ans.

ACHE DE MONTAGNE. Plante vivace et rustique dont les feuilles sont assez semblables à celles du céleri. Etant pilées et appliquées sur les contusions, elles agissent comme résolutives. Rien ne prouve mieux l'influence de la culture que la conversion de l'ache en céleri. Cette plante perd, dans nos jardins, son mauvais goût et sa mauvaise odeur pour acquérir une saveur excellente.

AIL. L'ail est une plante vivace. Il végète partout; mais certains terrains lui conviennent mieux que d'autres. Une terre franche, légère, substantielle, lui est particulièrement favorable; il faut surtout que cette terre ne soit ni trop fumée ni trop humide, autrement l'ail serait exposé à graisser. Une tête d'ail contient de 10 à 15 caïeux ou gousses. Ce sont ces gousses que l'on sépare et que l'on plante en février ou mars, soit en planches, soit en bordures. Entre chaque caïeu il faut laisser une distance d'environ 15 centimètres, et enfoncer la gousse à une profondeur de 6 ou 7 centimètres. Pendant sa végétation l'ail n'exige aucun soin. Il suffit d'arracher les mauvaises herbes qui viennent sur son terrain. Dans les premiers jours de juin on fait un nœud à la tige, ce qui augmente la grosseur des bulbes. Bientôt les fanes se dessèchent. C'est le temps d'arracher la plante, qu'on laisse ensuite sur la terre huit à dix jours exposée au soleil. Après, on lie les aulx par bottes et on les dépose dans un lieu très-sec, la moindre humidité pouvant les faire germer.

AIL ROSE. On cultive depuis quelque temps avec succès dans les environs de Paris une variété d'ail, nommée *ail rose*, à cause de la couleur de ses tuniques. L'ail rose est beaucoup plus précoce que l'ail commun; mais il se conserve moins bien.

AIL D'ESPAGNE ou ROCAMBOLE. Ne se cultive guère que dans le Midi; sa saveur est un peu moins âcre que celle de l'ail commun.

AIL D'ORIENT. Il a la forme du poireau et la saveur de l'ail ordinaire. Il se compose d'un gros bulbe divisé en plusieurs caïeux beaucoup plus gros que la gousse de l'ail commun.

ANANAS. Plante vivace, épineuse, au port élégant, aux feuilles longues, vertes, charnues et robustes, enveloppant une tige assez forte, couronnée elle-même d'un épi de fleurs nombreuses et violacées auxquelles succèdent des baies si pressées qu'elles ne semblent faire qu'un seul fruit. Ce fruit a la forme d'une pomme de pin. A la maturité, il est ordinairement d'un jaune doré; il exhale un parfum des plus agréables. Sa chair est délicieuse; elle est blanche ou rosée, d'une odeur et d'une saveur exquises qui ressemblent à celles de la fraise unie au citron.

On possède maintenant près de 60 variétés d'ananas. Les plus estimés sont l'*ananas commun*, à *fruit rond*, ou pomme de reinette, l'*ananas à fruit en pyramide*, l'*ananas à fruit vert* ou pitte, l'*ananas à feuilles panachées*, etc.

L'ananas se multiplie d'œilletons qu'on fait éclater du pied avec une partie de la racine, nommée *talon*. Les bornes de cet ouvrage ne nous permettent pas d'entrer dans de longs détails sur la culture de cette plante dont peu de personnes s'occupent.

ANGÉLIQUE. Plante indigène et trisannuelle, de la famille des ombellifères. Non-seulement elle fournit des compositions utiles et agréables, mais elle peut être encore rangée au nombre des substances alimentaires. En France on ne mange l'angélique que confite au sucre, mais en Islande et dans plusieurs autres contrées du Nord, c'est une plante légumineuse d'une grande ressource.

Le terrain destiné à la culture de l'angélique doit être substantiel, humide et exposé au soleil. Un sable gras lui convient mieux que tout autre sol. Règle générale : il faut que l'angélique ait la racine dans l'eau et la tête au soleil. On sème en septembre, dès que la graine est mûre, ou bien au mois de mars. Quand on sème en mars, on répand la graine à la pincée, en la mêlant avec un peu de terre fine, et on ne la recouvre point; les pieds, dans ce cas, se transplantent à la mi-septembre.

ANIS. Cultivée seulement pour sa graine, cette plante se sème fort clair au printemps. On la mouille pour la faire lever, et on l'éclaircit quand le plant est assez fort. Elle demande une terre meuble et légère. Chaque pied forme sa tige dans le mois de juin et sa graine au mois d'août. On coupe le pied à fleur de terre et on le laisse quelques jours au soleil avant de battre la graine. Il repousse au printemps suivant de nouveaux drageons, qui donnent une seconde fois de la graine.

ARROCHE DES JARDINS, connue aussi sous le nom de *Belle-Dame, Bonne-Dame, Follette.* Plante potagère annuelle qui sert à corriger l'acidité de l'oseille. Ses feuilles sont larges, jaune-vert ou rouges. Semis en mars, si elle ne se reproduit pas d'elle-même. On la sème par rayons ou à la volée, mais toujours très-clair.

ARTICHAUT. L'artichaut est une plante vivace, originaire des pays méridionaux. Elle peut s'élever de graines qu'on sème au mois de mars, mais il vaut mieux planter les œilletons qu'on détache des vieux pieds qui ont passé l'hiver. Les œilletons se lèvent vers la mi-avril, quand les

feuilles ont environ 30 centimètres de hauteur. Des sarclages, des arrosements sont nécessaires dans la jeunesse du
plant; il est bon de les continuer pendant les années suivantes.

Si l'on plante deux œilletons ensemble, c'est pour être sûr
d'en avoir un; car il faut jeter le moins fort quand la reprise des deux est assurée. Les plants d'*artichauts* ont besoin d'être renouvelés tous les quatre ans; beaucoup de jardiniers et d'amateurs sont dans l'usage d'opérer ce renou-
vellement par quart chaque année. Dès qu'un pied est
déchargé de son fruit, il faut ôter ce qu'il a de mort ou de
sec, et couper les tiges le plus près de terre possible; je dis
couper, parce qu'en éclatant on occasionne, dans la partie
déchirée, une sorte de gangrène qui fait souvent périr le pivot. — Dès le mois de novembre, il faut biner le plant pour
ôter les mauvaises herbes, et butter si la terre est légère.

Quand l'hiver approche, on commence à couvrir, et l'on
augmente plus ou moins les couvertures selon l'intensité du
froid : elles se retirent successivement à mesure que les gelées diminuent. En avril, lorsque la végétation est commen-
cée, on procède au nettoyement des souches et à la séparation des œilletons, pour multiplier les espèces qui, comme
nous l'avons dit, se propagent encore par les graines. Si l'on
veut faire usage de ce dernier moyen, on sème au mois de
mars dans des pots tenus sur couche, ou en pleine terre dans
les premiers jours de mai, époque à laquelle le plant du premier semis peut être mis en place. Ce dernier donne souvent des fruits en automne; les autres produisent au printemps suivant.

Les variétés d'artichaut les plus estimées sont le *gros vert
de Laon* et le *gros camus de Bretagne*. Le *violet* et le *rouge*
sont les meilleurs à manger crus.

ASPERGE. Plante vivace qu'on multiplie ordinairement de
plantes élevées en pépinière. On la sème aussi très-clair au
mois de mars. Le terrain qui convient le mieux aux asperges est un composé de terre calcaire, de sable, de terre
franche et de terreau. Comme l'*aspergerie* doit subsister un
certain nombre d'années, on fait choix, dans le jardin, du

terrain le plus convenable pour ce genre de culture. On défonce l'emplacement de 54 centimètres ; on rétablit dans la fosse 9 centimètres de bonne terre, sur laquelle on place à la distance de 42 centimètres, en tous sens, une griffe d'asperges bien choisie, âgée de deux ans, et récemment arrachée. Cette opération doit se faire au commencement de mars. La fosse se recouvre de 18 ou vingt centimètres de bonne terre, terreau, curures de fossés bien mûries, fumiers consommés, débris de chaux, de vieux murs, terres de voiries, etc., selon que l'on peut avoir ces objets à sa disposition. Il est prudent de fixer des piquets auprès de chaque griffe d'asperge, afin qu'on puisse sarcler et biner le terrain sans être exposé à marcher sur les jeunes plants : tel est le travail de la première année. La seconde il faut, à la fin de février, découvrir les *asperges* jusqu'auprès de la griffe, remettre dessus 3 centimètres de terreau consommé et 9 centimètres de fumier bien mûri et devenu presque terreau. et recouvrir de 9 centimètres de la bonne terre qu'on avait retirée de la fosse pour faire le travail que nous venens de prescrire. On continuera, comme l'année précédente, de sarcler et de serfouir avec précaution. A la troisième année, on renouvellera l'opération de l'année précédente ; c'est-à-dire qu'au mois de février on découvrira de nouveau les griffes, qu'on mettra 9 centimètres de fumier consommé et 27 centimètres de terreau. La quatrième année, même opération que la précédente, quinze centimètres de terreau de plus et couper les plus fortes jusqu'à la fin de mai, etc.

En résumé, on divise le terrain en planches de la largeur de 1 mètre 66 centimètres, distantes l'une de l'autre de 60 centimètres. On creuse ces planches à la profondeur d'environ 66 centimètres ; on y entasse du fumier de vache ou de cheval bien pourri, jusqu'à la hauteur de 6 centimètres au-dessus du niveau du terrain creusé. On couvre ce fumier de 6 centimètres de bonne terre légère. On arrange alors les griffes d'asperges à 83 centimètres de distance l'une de l'autre, et à 33 centimètres du bord de la planche, en mettant une plante au milieu de 4, de la manière suivante :

On couvre ces plantes de 3 centimètres de terre sur laquelle on met 6 centimètres de fumier, qu'on recouvre par 6 autres centimètres de terre.

Les deux premières années après la plantation, on découvre les plantes jusqu'aux œillets vers la fin de janvier ou en février, si le temps le permet : on les laisse dans cet état jusqu'au commencement de mars; on y met alors 9 à 12 centimètres de fumier que l'on recouvre de 16 centimètres de terre. On fait la même opération la troisième année et les deux suivantes, avec la différence cependant que l'on met sur le fumier 33 centimètres de terre au lieu de 16 centimètres, afin que les asperges puissent être coupées d'une belle longueur. On peut remplacer, pendant les deux ou trois premières années, les plantes qui périssent, en observant de ne couvrir de terre les nouvelles griffes qu'à la proportion du temps de leur plantation, selon la manière indiquée ci-dessus.

AUBERGINE ou MELONGÈNE. Cette plante n'est guère en usage que dans le Midi; on la mange ordinairement cuite dans l'huile. La culture en est fort simple. Dans les pays chauds on sème la graine en pleine terre à une bonne exposition et l'on repique ensuite le plant dans une terre bien préparée, sans autre soin que de l'arroser souvent. Dans le Nord, il faut la semer de bonne heure sur couche et la replanter ensuite en échiquier, à 75 centimètres de distance, sur une couche sourde ou au moins dans une terre bien fumée et bien exposée, avec l'attention de la mouiller souvent dans les sécheresses. Elle n'est pas fort délicate à élever, mais elle périt aux premières gelées de l'automne. Il y a quatre variétés d'aubergine : deux dont le fruit est rouge, l'une allongé et l'autre ronde; et deux de couleur jaune, l'une de forme ronde, l'autre longue.

BASELLE ROUGE ET BLANCHE, ou ÉPINARD DU MALABAR. Les feuilles de cette plante bisannuelle et grimpante peuvent être mangées comme celles de l'épinard ordinaire; elles sont même préférables et beaucoup plus productives. Semer sur couche chaude et piquer le plant à bonne exposition, près d'un appui, où les graines peuvent mûrir. Il est cependant bon d'en rentrer quelques pieds dans la terre chaude.

BASILIC. Plante annuelle et aromatique dont il existe plusieurs variétés. Elles doivent être semées sur couche au printemps, repiquées en pots remplis de bonne terre ou de terreau consommé, exposées au soleil quand elles sont bien reprises et souvent arrosées.

BETTERAVE. Cette plante, que l'on mange en salade et dont on tire un sucre qui le dispute en bonté et en beauté au sucre de canne, offre plusieurs variétés qui se cultivent de même : la petite et la grosse rouge, la jaune, la blanche, la rouge ronde hâtive (mûre en août), et celle champêtre de grande culture que l'on nomme *racine de disette* ou *betterave sur terre*, parce que l'espèce préférée sort à moitié de terre. La graine de toutes, bonne pendant deux ans, se sème de mars en mai dans une terre profonde, légère et bien cultivée. Le plant doit être sarclé, arrosé, biné plusieurs fois, et grandement éclairci. Si l'on repique dans les places où la semence n'est pas levée, il faut le faire par un temps humide, et surtout ne rien couper des racines. On donne aux bestiaux les feuilles de cette plante, dont la récolte se fait, comme celle des carottes, en octobre ou novembre.

BOURRACHE. Plante annuelle qui se propage d'elle-même et fleurit l'été. On peut la semer aussi en toute saison; elle lève très-promptement, presque sans préparation. Les feuilles ont des propriétés médicales bien connues; ses fleurs peuvent, comme celles de la *capucine*, être mangées en salade.

CAPUCINE, Cresson du Pérou ou des Indes. Cette plante, annuelle dans nos jardins, se multiplie par le semis au printemps, en bonne terre, près d'un treillage, au pied des arbres ou contre un mur. Les fleurs de la capucine ornent les salades et en relèvent le goût; ses fruits, confits au vinaigre, peuvent remplacer les câpres.

CARDON. Plante potagère, dont il existe deux espèces, celle d'*Espagne*, sans épines, et le cardon *de Tours*, très-épineux. Ce dernier est préféré comme plus tendre et moins sujet à monter. Les *cardons de primeur* se sèment en place au printemps, dans des trous de fumier consommé. Ils aiment la chaleur et les arrosements. Par un temps sec on les couvre pour les faire blanchir. Ils sont ordinairement bons quinze jours ou trois semaines après l'opération, que l'on renouvelle à diverses époques, et qui consiste à les lier, les empailler, et les buter autour d'environ 33 centimètres de terre.

CAROTTE. Annuelle pour l'usage, et bisannuelle pour la durée. Cette plante potagère offre les variétés suivantes : *grosse rouge, grosse jaune, courte de Hollande rouge, jaune obtusive, rouge hâtive*, et *violette d'Espagne*. La *carotte* étant essentiellement pivotante, demande une bonne terre profonde et bien ameublie. Elle se sème du commencement de mars à la fin de mai, et quelquefois dans les premiers jours d'octobre pour en jouir au printemps. Le semis se fait plus ordinairement à la volée, après avoir bien frotté la graine pour la répartir également sur le terrain, qu'il faut entretenir proprement et arroser au besoin pour faire grossir les racines que l'on retire de terre en octobre. On peut se procurer des primeurs en semant sur couche, dès le mois de décembre, la *carotte courte de Hollande*. La graine se conserve trois, quatre ou cinq ans; celle de l'année donne des plants sujets à monter; aussi emploie-t-on de préférence des graines de deux ans.

CÉLERI. Plante potagère dont les meilleures variétés sont le *céleri creux*, le *céleri à couper* pour fourniture de salade, le *céleri plein blanc*, le *gros blanc*, le *céleri turc*, le *nain frisé*, le *plein rouge et rose*, et le *céleri-navet blanc* ou *bleu veiné de rose*. Ce dernier est préférable. Pour avoir du *céleri* à di-

verses époques, on le sème en février et mars sur couche;
en avril, mai et juin, dans un terrain gras et léger. Le plant
assez fort se repique, soit en planches à une distance convenable, soit dans des rigoles d'environ un pied de profondeur, dont la terre sert à buter les plantes, qui, de cette
manière, blanchissent beaucoup mieux et plus vite que celles
empaillées. La racine du *céleri-navet* étant la seule partie
mangeable, les liens ou le butage ne sont pas nécessaires.
Il faut soigneusement couvrir, pendant l'hiver, les pieds de-
meurés en terre pour porter graines; les autres se conservent à l'abri du froid comme les *carottes* et *navets*. Cette
plante demande à être souvent arrosée. Sa graine se conserve
trois ou quatre ans; mais la plus nouvelle est la meilleure.

CERFEUIL. Plante annuelle qui monte facilement en graine;
par cette raison, il est bon de semer tous les quinze jours,
du commencement de mars au mois d'octobre. Les deux ou
trois premiers semis se font à bonne exposition, et tous les
autres dans une situation ombragée. Même culture pour le
cerfeuil frisé. Le *cerfeuil musqué* ou *d'Espagne* se reproduit
de semis en automne; il est vivace et possède une saveur
d'anis qui le fait rechercher.

CHAMPIGNON. Plante dont la famille est très-nombreuse.
Parmi les espèces estimées pour la table, il est un choix à
faire, choix d'autant plus important que quelques-unes,
très-bonnes à une certaine époque de la végétation, seraient,
à une autre, dangereuses et même mortelles. L'espèce la
plus connue est l'*agaric des jardins.* C'est la seule espèce que
l'on puisse cultiver et faire venir à volonté au moyen de *cou-*
ches ou *meules.* Ces couches se préparent en décembre, à
l'exposition du levant. Dans un terrain sec on ouvre une
tranchée de 65 centimètres, terminée en dos d'âne. Quelques jours après, on jette dessus, à diverses places, un peu
de son et de sel ammoniac, qu'on couvre aussitôt de terre
legère et mieux de bon terrain. La couche reste ainsi jusqu'en avril, époque à laquelle il faut la couvrir d'environ
54 centimètres de litière. Fin de mai, ou commencement de
juin, on ramasse, tous les deux ou trois jours, les *champi-*
gnons parvenus à leur grosseur. La litière levée pour faire

cette récolte doit être replacée aussitôt et arrosée légèrement au besoin. Une couche bien faite produit plus de trois mois. Lorsqu'elle est épuisée, on la détruit en séparant du fumier tout le *blanc de champignon* pour l'employer aux *meules* qui s'établissent de la manière suivante : ·

Après avoir laissé reposer pendant quinze jours ou un mois du fumier de même qualité que celui dont il vient d'être parlé, on dresse la meule d'une longueur indéterminée, sur 1 mètre de largeur et 80 centimètres de hauteur; on l'arrose et cinq ou six jours après on la détruit pour la reconstruire aussitôt, après avoir ôté un tiers du fumier que l'on remplace par du neuf. Une seconde opération peut être nécessaire si le fumier s'échauffe trop. Reposée de nouveau, et réduite à une chaleur très-modérée, le blanc de champignon se place par morceaux enfoncés de 6 centimètres et à 17 ou 22 centimètres les uns des autres. On remue le fumier conservé, tant sur les bords qu'au-dessus. Quelques jours après, quand le blanc se trouve bien attaché, il faut couvrir la meule de 6 centimètres de litière, qu'on arrose assez ordinairement pour entretenir le dessous un peu humide. Deux fois dans l'espace d'une quinzaine, on renouvelle la couverture, que l'on remplace en dernier lieu par du fumier long, arrangé de manière à faciliter l'écoulement des pluies. Peu de temps après, les *champignons* se montrent, et tous les trois ou quatre jours on peut en cueillir pendant plus de trois mois. Quand les froids viennent, il faut augmenter les couvertures pour entretenir une douce chaleur. On peut se procurer des champignons tout l'hiver en construisant une meule dans une serre ou dans une cave tenue bien fermée. De cette manière, elle n'a pas besoin d'être formée en dos d'âne, et peut demeurer sans couverture de litière. Il faut de temps en temps lui donner un léger arrosement.

CHERVIS, Berle des potagers, Chérouis. Racine potagère, pivotante et bisannuelle, d'une saveur fine et très-sucrée, qui se multiplie le plus ordinairement par semences en terre légère et profonde qu'il faut arroser souvent. Les bourgeons qui poussent des touffes principales peuvent être plantés en avril, mais les sujets qui en proviennent sont moins beaux que ceux de semis. La graine que cette plante donne quelquefois la première année, ne vaut pas à beaucoup près celle de deux ans. En novembre et pendant tout l'hiver, on enlève, au fur et à mesure des besoins, les racines, qui se mangent préparées comme les scorsonères.

CHICORÉE FRISÉE ou ENDIVE. Plante potagère que l'on sème sur couche dès le mois de février, mais plus ordinairement dans une terre substantielle, à bonne exposition, de la mi-mai aux premiers jours d'août, pour en avoir successivement pendant plus de six mois. Le plant assez fort se repique à 33 ou 40 centimètres de distance, dans des planches bien fumées, qu'il faut nettoyer souvent et arroser au besoin.

Pour blanchir la *chicorée*, il faut la lier par un temps sec, d'abord vers le bas, ensuite au milieu, et à l'extrémité. Cette opération doit être faite en deux fois dans l'espace de douze à quinze jours; peu de temps après, la plante liée sera blanche et tendre. Quand il n'est plus possible de défendre des premiers froids les *chicorées* dernières semées, on les enlève en mottes pour les rentrer dans un lieu qui, sans être chaud, les préserve de la gelée. On peut en conserver ainsi jusqu'à la fin de l'hiver.

La *chicorée de Meaux* est une variété de la précédente. Ses feuilles sont plus profondément découpées et très-frisées, mais elle monte facilement dans les années pluvieuses : elle aime la sécheresse, et réussit mieux en automne qu'en été.

La *chicorée fine d'Italie* ou *d'été* convient pour les semis de février; elle est hâtive, et ne monte pas promptement.

La *chicorée* connue sous le nom de *scarole* ou *d'escarole* offre plusieurs variétés qui se cultivent comme les précédentes.

CHICORÉE SAUVAGE. On en connaît trois variétés. Plantées à la cave vers le mois de novembre, elles produisent, pendant tout l'hiver, la salade dite *barbe de capucin* ou *cheveux de paysans*.

La graine de *chicorée* se conserve près de dix ans. La plus ancienne donne des pieds plus frisés, et moins sujets à monter.

CHOU. Les principales espèces sont le *chou blanc*, le

chou pommé ordinaire, le *chou frisé hâtif*, le *chou de Savoie frisé*, le *chou pancalier*, le *chou de Milan*, le *chou à grosses côtes*, le *chou rave* et le *chou rouge*.

La culture de ces différentes espèces de choux est à peu près la même; ils se multiplient de graines provenant des meilleures espèces et de ceux les mieux pommés, qu'on replante au mois de mars en pleine terre : pour les aider à pousser leurs tiges, on les coupe en forme de croix. La graine de toutes les espèces de choux à pommes se sème sur couche au commencement de mars, et à défaut de couches, en pleine terre bien fumée et préparée, à une bonne exposition; s'ils deviennent trop épais, il faut les éclaircir et surtout les arroser au besoin : on plante des carrés entiers que l'on doit avoir soin de bien fumer et labourer plusieurs fois, parce que plus la terre est remuée, meilleure elle est. On plante les choux vers le commencement de juin, à 1 mètre les uns des autres en tous sens; on ne doit point négliger de les arroser, comme aussi de leur donner certains petits labours de temps à autre; ces attentions font périr les mauvaises herbes et croître les choux à vue d'œil.

On sème encore la graine de choux, vers la mi-août, pour les repiquer en pépinière à quelques bons abris en octobre, et les transplanter, au mois de mars suivant, dans une terre bien fumée et bien préparée; on a l'agrément de les voir pommer dans le mois de juillet, et ils peuvent se conserver pour l'usage jusque dans l'hiver. Sur la fin de novembre, on déplante des choux, pour les replanter en pépinière, un peu courbés, le long de quelques murailles, à l'abri des fortes gelées : on les couvre de grandes et longues litières. Ils peuvent se conserver jusque dans le carême : après la récolte des choux on arrache les pieds, on laisse reposer la terre jusqu'au mois de mars; pour lors, on donne un labour pour y semer des oignons.

CHOU-FLEUR. Il y a trois variétés de chou-fleur : le *dur*, le *demi-dur* et le *tendre*. L'usage le plus général est de semer les choux-fleurs en juin sur plate-bande bien terreautée et de les repiquer en juillet. En les arrosant suffisamment on aura une récolte abondante depuis septembre jusqu'à novembre. On enlève, à la fin de novembre, chaque pied en motte ; on les débarrasse des feuilles gâtées et on les replace dans du terreau, en un lieu fermé et suffisamment garanti du froid. On doit, en les replantant, laisser autour des têtes de chaque chou-fleur un espace d'environ 3 centimètres. Les soins ultérieurs se bornent à une surveillance journalière, et dont le but est d'enlever les feuilles qui se pourrissent, et de couper, pour la consommation, les têtes qui ont de la disposition à se gâter. Quand le froid devient très-rude, on peut couvrir ces *choux* avec du foin court et bien sec.

Cette méthode fournit à la consommation pendant tout le cours de l'automne et de l'hiver, et jusqu'au mois de février.

Les *choux-brocolis* sont une variété intermédiaire entre le *chou-fleur* et le *chou* proprement dit : on distingue le *brocoli commun*, le *brocoli violet de Malte* et le *brocoli blanc*.

On sème les *brocolis* en juin ou en juillet, et on récolte les jeunes pousses dès les premiers jours de mars. Les *brocolis* semés en janvier sur couche sont bons en juin. Ils durent plus longtemps, s'ils sont arrachés avant le développement des drageons et replantés à l'ombre. Semés en avril, ils donnent en octobre ; ceux non fermés lors des premières gelées, et portés dans la serre, y produisent comme les *choux-fleurs*.

Le *brocoli* aime une terre légère, substantielle, et de fréquents arrosements.

CHOU-MARIN ou CRAMBÉ. Plante vivace, dont les jeunes pousses annuelles, feuilles et tiges, se mangent blanchies avant leur premier développement. Se sème en mars, avril et mai en terre substantielle et profonde.

CIBOULE. Plante bisannuelle. Sa graine se conserve deux ou trois ans, gardée dans les capsules. En février et mars, semis en pleine terre, légère et substantielle, pour replanter en avril et mai, deux à deux, à quinze centimètres de distance et à dix centimètres seulement si l'on ne met qu'une seule plante dans chaque trou. On sème aussi à la mi-juillet et en août. On cultive une autre espèce de ciboule, vivace et se multipliant par graines et par caïeux en septembre.

CIBOULETTE, CIVETTE, APPÉTIT. Plante de même famille que la précédente, se multipliant de caïeux qu'on plante en mars ou en automne, 3 ou 4 dans le même trou, soit en planche, soit en bordure. On relève tous les trois ans pour éclaircir les touffes et renouveler la terre, qui doit être substantielle. Bonne exposition au midi; arrosements bien ménagés en été. On coupe les feuilles en automne et on couvre la plante d'un peu de terre, ce qui la dispose à pousser au printemps avec plus de vigueur.

CITROUILLE. *V. Courge.*

CONCOMBRE. Plante annuelle, de la famille des *melons*, dont on connaît plusieurs variétés : le *blanc*, le *jaune*, le *hâtif de Hollande*, et le *petit vert*, nommé *concombre à cornichons*. Les *concombres* de primeurs se sèment sur couche en janvier et février, même en novembre et décembre. Il faut les repiquer deux fois, et toujours sur couche; ils demandent presque les mêmes soins que le *melon*. Il en faut beaucoup moins pour les derniers semis, qui peuvent se faire en place dans des trous remplis de bon fumier, recouvert de terreau. C'est ainsi qu'on sème, en mai, les *concombres verts* destinés aux *cornichons*, qui mûrissent en septembre.

COQUERET ou **ALKEKENGE.** Plante s'élevant en touffes de 30 à 60 centimètres de haut. Ses fruits, renfermés dans le calice, qui se renfle à la maturité, sont très-nombreux, de la grosseur d'une cerise, remplis d'un suc acidulé qui les fait rechercher. Multiplication par semis sur couches en mars, pour repiquer en mai; ou mieux par éclats de racines, en automne et au printemps.

CORIANDRE. Plante aromatique et annuelle que l'on sème au printemps, en terre meuble, franche et bien exposée. Les graines sont très-recherchées des confiseurs.

CORNE-DE-CERF. Plante annuelle qui doit être semée au printemps, en terre substantielle, légère, et souvent arrosée. Ses feuilles, coupées deux mois après, repoussent promptement; elles sont employées comme fournitures dans les salades.

CORNICHONS. *V. Concombre vert.*

COURGE. Renferme un grand nombre de variétés : la *citrouille* ou *potiron commun*, le *potiron d'Espagne*, les *gi-*

raumons turban et noir, *patisson*, *long de Barbarie*, etc. Toutes ces espèces aiment l'eau et la chaleur et sont cultivées sur couches ou en planches. On sème les potirons dans des pots sur couche, en février ou mars, mais plus ordinairement en avril, à bonne exposition, dans des trous remplis de fumier recouvert de terreau. Cette plante aime beaucoup l'eau. Ses fruits mûrissent en août et septembre.

CRESSON ALÉNOIS. Plante annuelle qui se mange en salade. Elle a deux variétés : le *petit frisé* et le *cresson à larges feuilles*. Dans les provinces méridionales on sème le cresson alénois en février sur couche; en mars, mai et octobre en pleine terre; dans celles du nord également sur couche en février, et de quinze en quinze jours pendant les trois autres saisons. En été, il faut le semer à l'ombre et lo mouiller fréquemment.

CRESSON DE FONTAINE. Croît naturellement dans les fontaines, les ruisseaux, les fossés. Se cultive aussi dans des *cressonnières*. On dérive d'une source d'eau vive le filet nécessaire pour entretenir toujours couverte d'eau, à la hauteur de 3 à 6 centimètres, une aire de grandeur quelconque, aplanie avec du gros sable et du gravier, sur laquelle on plante avec ordre de jeunes pieds et racines de cresson. Dès que les tiges commencent à durcir on renouvelle le plant après avoir exactement balayé le sédiment de vase qui a pu s'attacher au sable. On coupe chaque jour le jeune cresson avec des ciseaux immédiatement au-dessus de la surface de l'eau, dont l'écoulement est proportionné à ce que peut en fournir le filet dérivé.

DENT DE LION ou PISSENLIT. Plante chicoracée très-commune dans les prés. On la sème en mars, et elle ne demande d'autre soin que d'être couverte d'un peu de litière afin de blanchir plus vite.

DOLIQUE. *V. Haricot.*

ÉCHALOTE. Cette plante se multiplie de ses bulbes, qu'on sépare comme celles de l'ail, et qu'on plante au commencement de mars, en bordures ou en planches, à 12 centimètres de distance en tous sens, en ayant soin de ne les enterrer qu'à fleur de terre. Quatre jours après on voit pousser le germe, et dès le mois de mai on commence d'en faire usage; mais pour conserver les échalotes, il ne faut pas les arracher avant que la fane soit tout à fait sèche, et c'est ordinairement sur la fin de juin; elles se conservent parfaitement tout l'hiver, pourvu qu'on les laisse bien sécher avant de les enfermer, et qu'on les tienne dans un lieu sec. Leur culture ne demande aucun soin particulier; beaucoup de jardiniers les plantent autour des planches d'oignons. Il faut avoir soin, quand on les plante, de choisir les bulbes les plus déliés et les plus allongés. Il y a trois variétés d'échalotes, la *commune* et la *grosse*, qui se ressemblent, à la grosseur près, et l'*échalote de Jersey*, plus précoce, se multipliant par caïeux et par graine.

ESTRAGON. Petite plante vivace qu'on renouvelle et multiplie tous les trois ans, en séparant ses touffes au printemps, et replantant les éclats à 30 centimètres de distance entre chaque touffe. Pendant l'été, on le mouille souvent, et on le coupe tous les quinze jours afin de l'avoir plus tendre. Les tiges et les feuilles se mangent en fourniture de salade. L'ertragon entre dans la composition des sauces et on en fait un vinaigre aromatisé très-agréable.

FENOUIL. Le *fenouil commun*, grande plante vivace, et le *fenouil doux*, plus petit, appelé aussi *anis de Paris*, se sèment en mars en place ou en planche pour repiquer. Le fenouil doux peut n'être semé qu'en mai et juin, pour être cultivé comme le céleri et employé aux mêmes usages.

FÈVE DE MARAIS. Plante annuelle de la famille des légumineuses, dont on connaît diverses variétés : les fèves de Windsor, la julienne, la violette, la naine, etc., qui toutes se sèment au printemps, en terrains un peu humides et à l'abri de la chaleur. Les rayons sont espacés de 20 à 25 centimètres, et les trous sont faits à la même distance, pour recevoir trois ou quatre graines; on donne deux binages, on butte chaque fois, et après la floraison, on pince l'extrémité des tiges et des rameaux, pour faire tourner la sève au profit du fruit. Pour avoir des fèves de bonne heure, il faudrait semer dès décembre ou janvier, en planche ou platebande au midi, en garantissant des rats, des mulots, etc. La fève naine, très-précoce, est cultivée sous châssis; on connaît encore les fèves à longues cosses et les fèves vertes.

FRAISIER. Plante vivace dont on connaît un grand nombre d'espèces ou de variétés, plus ou moins savoureuses. Les fraisiers en général se multiplient de semis, et le plus souvent de leurs drageons, traces ou coulants. Ces coulants se plantent en bordures ou en planches, en terre bien ameublie, amendée avec du fumier consommé, au midi. Les principales espèces de fraisiers sont : le *fraisier commun des bois*, le *fraisier des Alpes*, le *capron* et les fraisiers anglais *keen's seedling* et *elton*, récemment importés en France et précieux à cause de leur parfum et de leur abondante production.

GOMBAUD, KETMIE COMESTIBLE. Plante annuelle, cultivée pour ses fruits, avec lesquels on assaisonne les ragoûts et qu'on ne peut élever à Paris que sous cloche et sous chassis. Terre légère et bien fumée; de l'eau au temps des châleurs.

HARICOT. Plante annuelle, dont il existe un grand nombre d'espèces et de variétés. Sous le nom de *haricots écossés*, on comprend les *haricots verts*, dont on mange les graines à peine formées avec l'écorce, et les espèces plus tardives qui se mangent de même. Dans une seconde série sont rangés les *haricots mange-tout* ou sous parchemin; dans une troisième les *haricots nains* et *à rames*. Les plus estimés sont, parmi les haricots qui se mangent en vert, le *hâtif de Hollande*, le *flageolet* ou *nain hâtif de Laon*, et parmi les haricots à rames le *haricot de Soissons*. Très-sensibles aux gelées, les haricots aiment une terre substantielle, bien fumée, légère et souvent cultivée. On commence les semis fin d'avril ou dans les premiers jours de mai. Ils peuvent se continuer pendant quinze, vingt ou vingt-cinq jours pour les espèces qu'on désire récolter en sac, et jusqu'au quinze juillet pour les *haricots* qui se mangent verts en été. Les haricots se sèment à la profondeur de 5 à 6 centimètres seulement, par touffes de cinq, six ou huit graines, mais jamais plus. Il faut choisir un temps sec; l'humidité de la terre et les pluies leur sont très-contraires. Quand ils sont parvenus à la hauteur de 9 centimètres on donne un premier binage qui

se renouvelle deux cu trois fois dans le mois. La graine est
bonne pendant deux ans, et trois ou quatre si on la conserve dans sa gousse.

LAITUE. Plante potagère connue et cultivée partout. Il en
existe un grand nombre de variétés, dont les meilleures
sont : parmi les *laitues de printemps*, la *laitue petite crêpe*,
à graine noire. Cette espèce, très-petite, est celle qui se
soutient le mieux sur couche pendant l'hiver; elle fait sa
pomme sous cloche, pour ainsi dire sans air. On peut la semer fin août, dans du terrain à bonne exposition, et la repiquer sur couche : elle est bonne à Noël. Le second semis
se fait fin d'octobre, le troisième en décembre, et successivement jusqu'en mars. Elle réussit parfaitement en pleine
terre, mais seulement au printemps. Parmi les *laitues d'été*,
la *laitue de Versailles*, à graine blanche. Toutes les laitues
d'été peuvent être semées dès le mois de février jusqu'en juillet. Avec une terre douce et légère, de l'eau et quelques
soins, on est toujours certain d'obtenir de belles produc-
tions. Parmi les *laitues d'hiver*, la *laitue morine*, à graine
blanche. Les laitues d'hiver se sèment du 15 août à la fin
de septembre, sur de bons ados couverts au besoin. On repique en automne, et mieux en bordure au commencement
de mars. On compte aussi de nombreuses variétés de *laitues
romaines* ou *chicons*. La plupart des *chicons* ont besoin d'être
liés, d'autres se coiffent naturellement; la culture de tous
est semblable à celle des *laitues*. La récolte des graines demande les mêmes soins.

LENTILLE CULTIVÉE. Plante annuelle, dont les deux principales variétés sont : la *blonde large de Galardon*, et celle
dite *à la reine*. Semis au printemps, en rayons ou à la volée, dans une terre légère et non fumée. En ne buttant que
pour s'en servir, on peut conserver la graine deux à trois
ans.

MACHE, DOUCETTE OU BOURSETTE. Se sème d'août en octobre, de quinze jours en quinze jours, dans une terre légère
et substantielle. Les graines doivent être peu recouvertes,
et le semis arrosé au besoin. Les pieds réservés étant parvenus à maturité se coupent par la rosée, pour éviter la

perte des graines qui se détachent facilement. Une espèce, connue sous le nom de *mâche d'Italie*, est beaucoup plus volumineuse, mais moins tendre que l'espèce ordinaire, qui offre une variété connue sous le nom de MACHE A FEUILLE RONDE, bonne et très-étoffée. La graine de *mâche* conserve six à huit ans ses facultés végétatives, et lève moins bien la première année de sa récolte que les suivantes.

MARJOLAINE ou CRICAN. Employée comme assaisonnement, cette plante vivace et d'une odeur agréable ne s'élève pas au-delà de 33 centimètres. Feuilles petites et douces au toucher, fleurs d'été en épis blanchâtres. Se multiplie par boutures ou par l'éclat des pieds en octobre ou au printemps.

MAUVE. Les jeunes pousses de cette plante peuvent se manger en salade. Se multiplie de graines semées, aussitôt après leur maturité, en terre ordinaire.

MELON. Plante dont on connaît un grand nombre de variétés, dégénérant aisément, si l'on n'a pas l'attention de les éloigner des concombres et potirons. Les couches destinées aux melons doivent être entretenues dans une chaleur égale. Depuis février jusqu'en mai on y enfonce de petits pots de terreau, dans chacun desquels sont semées une ou deux graines. On place dessus des cloches ou des châssis que l'on couvre avec soin, surtout quand les jeunes plants commencent à pousser; alors il faut les habituer à l'air et les garantir de l'humidité. Aussitôt qu'ils ont acquis assez de force pour être transplantés, on les place sur une nouvelle couche, à 70 centimètres de distance; on les arrose légèrement, puis on leur donne les mêmes soins que précédemment; un peu plus d'air quand la chaleur augmente, et de très-légers arrosements, avec l'attention de ne pas mouiller les plantes. La première opération, qui consiste à retrancher la tige au-dessus de la quatrième feuille, et qui doit être faite par un temps sec, détermine des pousses latérales et avance le temps de la fructification. Il faut ôter avec soin les pousses allongées et dépourvues d'yeux, une partie des vrilles, les feuilles plus grandes, plus épaisses et plus vertes, et les branches gourmandes qui sortent du tronc. Il est facile de les reconnaître à leur direction verticale et à leur vigueur. Les bonnes branches sont courtes et ont les yeux rapprochés. Quand les *melons* sont noués, on supprime ceux mal conformés pour conserver les beaux, dont il ne faut laisser qu'un sur chaque branche, qui doit être taillée à un œil au-dessus du fruit, ou à deux, selon qu'elle est plus ou moins forte. Dès ce moment, il faut cesser d'arroser, à moins d'une extrême chaleur qui nécessite un peu d'eau autour du pied seulement. Pour éviter aux fruits qui sont à la veille de mûrir de contracter un mauvais goût et les préserver de l'humidité de la couche, on les pose sur un morceau de tuile, d'ardoise ou de planche; ils sont bons à cueillir quand ils deviennent très-odorants et que la queue se détache. Ils sont d'autant meilleurs que la queue est courte et que le fruit est ferme, bien brodé et pesant. La graine peut se conserver bonne pendant sept à huit ans, quand elle provient d'un beau fruit qu'on a laissé bien mûrir sur la couche. Voici les espèces qui sont le plus généralement cultivées :

MELON MARAICHER. Le plus commun et le moins bon.

MELON SUCRIN DE TOURS (Gros et petits.) Chair rouge et sucrée.

MELON DES CARMES. Qui offre plusieurs variétés.

MELON GROS DE HONFLEUR. Assez beau.

MELON CANTALOUP, ORANGE et CANTALOUP FIN. Tous deux très-hâtifs ; chair rouge et ferme.

MELONGÈNE. *V. Aubergine*.

MENTHE DES JARDINS ou BAUME A SALADE. Se multiplie au printemps par boutures et drageons. Le semis peut être employé; mais on y a rarement recours.

MORELLE, BRÈDE LAMAN. Les feuilles se mangent en été comme les épinards. Se sème sur place au printemps.

MOUTARDE. Plante annuelle d'un goût très-piquant, cultivée pour sa graine dont l'usage est généralement connu. Les semis se font, au printemps, en terre bien ameublie, et les récoltes à la fin de l'été.

NAVET. Plante bisannuelle dont on cultive un grand nombre de variétés; les plus recherchés pour la cuisine sont : le *Freneuse,* le *Saulieu* et le *petit Berlin,* désignées sous la qualification générale de navets secs; ils ne réussissent que dans une terre sèche et sablonneuse. On distingue ensuite les navets tendres, c'est-à-dire dont la chair se fond ou se délaie en cuisant, comme celui des *Vertus*, des *Sablons*, etc.; Les navets demi-tendres, comme le *noir d'Alsace*, les *jaunes d'Écosse* ou *de Hollande*, etc. Il est à remarquer que la plupart des navets tendres semés en terre forte et substantielle, perdent en saveur ce qu'ils gagnent en grosseur; aussi sont-ils dans ce cas réservés pour la nourriture du bétail pendant l'hiver; tels sont les *navets gros-longs d'Alsace*, les *turneps*, etc. Semis de la mi-juin à la mi-août, et, pour les espèces hâtives, jusqu'au commencement de septembre. En semant dès avril et mars, on aura des navets d'été, mais ils sont sujets à monter.

Si l'on veut garantir les *navets* de la voracité des insectes pendant le mois de juillet et d'août, il suffit de mêler de la fleur de soufre avec la graine et de tenir le tout dans un vase bien bouché pendant deux ou trois jours avant de semer. Ce moyen éprouvé peut être employé pour la graine de beaucoup d'autres plantes. —A l'approche des gelées on arrache les *navets*, qui se conservent en cave comme les autres racines. Ceux destinés à porter graines doivent être plantés en mars ou avril. Le *navet* est un des végétaux les plus inconstants; il varie beaucoup de forme, de volume et de goût, selon le sol, le climat ou la culture.

NIGELLE, POIVRETTE OU TOUTE-ÉPICE. Plante annuelle, dont les graines servent à l'assaisonnement des ragoûts. Semis en place au printemps. Terre et soins ordinaires.

OIGNON. Variétés : le *rouge-foncé*, le *rouge-pâle*, le *jaune*, le *blanc hâtif*, le *blanc tardif*, l'*oignon en poire* jaune pâle et celui d'*Égypte*, qui, comme la *rocambole*, produit au bout de sa tige des bulbes qui servent à le multiplier. L'oignon demande une terre légère, substantielle et bien cultivée. Celle amendée depuis au moins six mois est préférable à celle nouvellement fumée. Les semis se font dès le commencement de février jusqu'en avril, selon la température. Les planches destinées aux oignons doivent être piétinées ou foulées au rouleau, avant ou après avoir répandu la graine,

opération qui se fait à la volée ou à claire voie. On se sert
de la fourche pour enterrer le semis, et du râteau pour unir
le terrain sur lequel on peut répandre une légère couche de
terreau qui contribue à la prospérité des oignons. Cela est
surtout très-utile pour les terres sèches et celles compactes
et fortes. Dans ces dernières, il faut semer plus tard,
moins unir la surface que les pluies battent et que le hâle
fait fendre ou gercer. Quand le temps est sec, il faut arroser le soir s'il fait chaud, et le matin si les gelées sont à
craindre. Lorsque la graine est bien levée, il faut sarcler
avec soin; dès que le plant a acquis assez de force, l'éclaircir de manière à laisser au moins deux pouces entre chaque
pied. On repique au besoin dans les parties dégarnies.
Quand les *oignons* sont à peu près à leur grosseur, on abat
les fanes pour arrêter le cours de la sève. Cette opération
est moins utile dans les terres sèches que dans celles fortes
et humides. A mesure que les fanes jaunissent, on arrache
les *oignons*, qu'il faut laisser à l'air pendant huit ou dix
jours pour *s'aoûter*; on les rentre ensuite, et quinze jours
après on les épluche. Il faut avoir soin de les visiter souvent, d'ôter ceux qui se gâtent, et de garantir les autres
des gelées avec de la paille sèche ou des paillassons. La
beauté des *oignons* dépend de la qualité des graines et des
soins donnés à leur culture, à laquelle il ne faut mêler ni
laitues, ni radis, qui épuisent la terre et étouffent les jeunes plantes. Les *oignons* les plus gros, les mieux faits et
les plus sains doivent être choisis pour porte-graines, et
plantés avant ou après l'hiver à 6 centimètres de profondeur
et dans une bonne exposition. On plante encore en mars
et en avril les plus petits *oignons*, qui grossissent promptement et donnent une verdure très-utile. Le *blanc-hâtif* peut
être semé en août; il passe l'hiver étant un peu couvert, et
mûrit au mois de juin.

ORPIN BLANC ou TRIQUE-MADAME. Cette plante, qui sert
comme fourniture de salade se sème à la fin de mars; elle
demande une exposition chaude et beaucoup d'eau.

OSEILLE. Plante vivace qui se multiplie par l'éclat de
ses racines au printemps ou à l'automne; elle peut encore

se semer au printemps. Sa graine se récolte comme celle des épinards et dure trois ou quatre ans. Plantée et semée au midi, l'oseille est plus précoce; au nord elle est plus fraîche et moins acide; on la récolte en coupant près de terre ses feuilles, qui repoussent à mesure. L'espèce dite *oseille-épinard* se cultive de même; elle est beaucoup plus précoce et sa saveur est très-douce.

OXALIDE, SURELLE, ALLÉLUIA ou PAIN DE COUCOU. Petite plante bulbeuse qui croît sans culture dans les lieux ombragés. Les feuilles, d'un vert pâle et lisses, sont assez semblables à celles du *trèfle*, et ont à peu près le même goût et les mêmes vertus que l'*oseille*.

PANAIS. Plante annuelle pour l'usage, et bisannuelle pour la production de ses graines. Sa culture est la même que celle des carottes.

PATIENCE. Plante vivace dont les feuilles peuvent, jusqu'à un certain point, remplacer celles de l'oseille. Culture peu difficile et s'accommodant, comme la morelle, de tous les terrains.

PERCE-PIERRE ou FENOUIL MARIN. Plante vivace et délicate qui se sert en fourniture de salade confite au vinaigre comme les cornichons; elle excite l'appétit et flatte le goût. Multiplication de graines semées sur couche en mars. Le plant assez fort se place dans une bonne terre au midi; il faut le couvrir pendant les gelées.

PERSIL. Le persil vient dans toutes les terres et à toute exposition : mais il réussit mieux dans les terres calcaires, exposés au midi, bien ameublies et bien fumées. Dans ces dernières terres, on le sème à l'automne, et on en a de bonne heure au printemps; dans le premier cas, on le sème depuis mars jusqu'en août. La plante ne monte à graine que la seconde année. On peut avoir du persil en hiver, si on a la précaution de le couvrir avec des paillassons pendant les neiges ou les fortes gelées.

PHYTOLANA ou RAISIN D'AMÉRIQUE. Les grosses racines de cette plante rustique sont vivaces; les tiges, d'un beau rouge, s'élèvent à près de 2 mètres; elles sont grosses, cylindriques, fermes et garnies de belles feuilles, qui, dans leur jeunesse, peuvent se manger comme les *épinards*. Le *phytolana* se multiplie par l'éclat des racines, ou par les semis faits au printemps dans des terrines placées sur couche tempérée.

PIMENT, POIVRE LONG ou **CORAIL DES JARDINS**. Plante annuelle classée parmi celles potagères, et dont il existe plusieurs variétés qui ne diffèrent que par la forme du fruit. Plus cultivé pour le plaisir que pour l'utilité, le *piment* se sème, au printemps, sur couche, où bientôt, étant arrosé souvent, il pousse des tiges herbacées garnies de feuilles luisantes et pointues. Les fruits qui parviennent à maturité se colorent d'un beau rouge corail. Ces mêmes fruits, verts et confits au vinaigre, se mangent avec les viandes : ils excitent l'appétit et facilitent la digestion.

PIMPRENELLE DES JARDINS. Cette plante vivace, employée comme fourniture de salade, se multiplie, en octobre et au printemps, par semences et par l'éclat des pieds.

POIREAU. Plante potagère aussi connue et cultivée que l'*oignon*, que l'on sème en mars dans une terre légère et substantielle sans être nouvellement fumée. On repique les jeunes plants assez forts dans un terrain bien ameubli, et dans des trous espacés de 18 centimètres. Un copieux arrosement suffit pour ramener la terre autour de la plante, qui ne demande plus d'autres soins que d'être arrosée et entretenue proprement. Beaucoup de personnes sont dans l'usage de semer avec les *oignons* quelques graines de *poireaux*, qui demeurent après la récolte des autres. C'est en novembre ou décembre qu'il faut les planter, pour les faire blanchir dans des rigoles abritées.

POIRÉE ou **BETTE**. Plante potagère et bisannuelle qui sert à corriger l'acidité de l'*oseille;* elle se sème en bordures comme en planches, aux mois de mars et d'août. La première peut être employée l'été et l'automne, et la seconde est pour le printemps. La variété connue sous le nom de *carde-poirée* peut être mangée comme les *cardons*. Mêmes culture et multiplication que pour la précédente.

POIS. Plante annuelle connue et cultivée dans tous les jardins. Il y en a deux espèces, qui se subdivisent en un grand nombre de variétés. L'espèce de pois qui ne se mange qu'en grain sans la cosse, se nomme *pois à écosser*; l'autre espèce se compose de variétés de pois que l'on mange avec la cosse et se nomme *pois goulus*. Les *pois*, quoique assez vigoureux, ne doivent pas être semés indifféremment partout; plus voraces que les autres plantes des sels naturels de la terre, ils s'accommodent mal des terrains nouvellement fumés qui les font pousser si vigoureusement qu'ils donnent peu de fruits. Les *pois hâtifs* le sont encore plus dans les terres légères; celles chaudes et sablonneuses, bien exposées et abritées par des murs, conviennent aux semis de ces mêmes *pois* destinés à donner des primeurs. Ils se font dès la fin de novembre, si le temps le permet, mais beaucoup mieux de la mi-janvier à la fin de février. On commence les autres semis en mars et successivement jusqu'en juillet, sur des planches de trois ou quatre rayons, dans lesquels on fait des touffes de six ou huit grains, espacées d'environ 28 centimètres. Quand les *pois* sont parvenus à la hauteur de 12 centimètres, il faut les sarcler, les rechausser par un beau temps, les ramer, et, si l'on veut hâter la maturité, les pincer à la troisième ou quatrième fleur. Le *michaux* et plusieurs autres espèces hâtives dégénèrent facilement, ce qui oblige de changer la semence chaque année. Voici l'indication des meilleures espèces à cultiver, présentées dans l'ordre de leur précocité : LE PLUS HATIF ou POIS DE QUARANTE JOURS. D'un bon produit, moins élevé et plus délicat que le *michaux*. — MICHAUX DE HOLLANDE. — MICHAUX DE RUELLE. — MICHAUX ORDINAIRE. — MICHAUX A ŒIL NOIR. Tous quatre très-bons. — NAIN HATIF. Produit beaucoup de petites cosses qui renferment cinq ou six *pois* bien arrondis. — NAIN DE HOLLANDE. Plus nain que le précédent. — NAIN VERT (petit et gros). Tous deux assez productifs. — CLAMART ou CARRÉ FIN. Très-sucré; il convient pour les semis de l'arrière-saison. Grains serrés dans leurs cosses. — CARRÉ BLANC et CARRÉ A ŒIL NOIR. Assez bons et sucrés. — GROS VERT NORMAND. Tendre, moelleux et très-bon, surtout en sec. — POIS SANS PARCHEMIN ou MANGE-TOUT. — NAIN HATIF DE HOLLANDE. Propre aux chasses,

— **A demi-ramé.** Très-productif; cosse étroite et remplie.
— **Nain de seconde saison.** — **Pois turc ou couronné.**
Grand; cosses nombreuses, très-tendres et sucrées.

POMME DE TERRE. La culture de cette plante est fondée sur un seul principe qui consiste, quelles que soient la nature du sol, l'espèce ou la variété des pommes de terre, à rendre la terre aussi meuble que possible avant la plantation et pendant toute la durée de l'accroissement. On peut planter les pommes de terre depuis février jusqu'en mai. On les plante dans des fosses de 18 à 20 centimètres, disposées en quinconce et distantes l'une de l'autre d'environ 54 à 60 centimètres. On les fait à la houe, avec le soin de rejeter la terre sur les bords, parce qu'une partie de cette terre doit servir d'abord à couvrir de l'épaisseur de deux ou trois doigts la petite pomme de terre qu'on y mettra, ou, à son défaut, un morceau de grosse racine muni de deux ou trois yeux. Le surplus de la terre ôtée du trou est destiné à butter la plante lorsqu'elle aura la hauteur de 15 à 18 centimètres. Le profit que donne la pomme de terre est uniquement dans ses racines ou tubercules; on a donc intérêt d'en augmenter le nombre et le volume. En amoncelant la terre autour de sa tige, on excite les germes de sa base à émettre un rang supérieur de nouvelles racines qui auront grossi au moment de la récolte. Plus ces plantes sont rechaussées et plus considérable est leur produit; voilà pourquoi le buttage se recommence encore en juin ou juillet. Les principales variétés de pommes de terre sont : la *grosse blanche, tachée de rouge,* la plus vigoureuse; les *grosses rouge et jaune;* la *blanche longue;* la *jaunâtre ronde aplatie,* ou *anglaise hâtive;* les *rouges oblongue, vitelotte, longue* ou *Hollande rouge;* la *longue rouge,* ou *corne-de-cerf;* la *jaune de Hollande;* la *petite jaune;* la *rouge longue, marbrée;* la *rouge ronde,* ou *truffe d'août;* la *violette;* la *petite blanche, chinoise* ou *sucrée.*

Pour conserver les pommes de terre pendant toute l'année, il suffit de les abriter des gelées. Au moment du développement de la végétation, il faut les mettre dans un lieu sec et les couvrir de sable, également bien sec, ou mieux de cendres. Dès qu'on aperçoit les germes qui se développent, on visite les pommes de terre et en casse toutes les pousses.

POURPIER CULTIVÉ. Plante employée dans les salades. Ses variétés sont le *pourpier doré*, qui dégénère souvent, et le *pourpier doré à très-larges feuilles*. Toutes ces plantes se multiplient de graines semées sur couche au printemps, ou en pleine terre substantielle et légère quand les froids ne sont plus à craindre.

RAIFORT ou RADIS NOIR. Il y a deux espèces de raiforts; l'un est hâtif, l'autre tardif : la graine du premier se sème en mars, afin d'en avoir de bonne heure, et le second vers la mi-mai; en le semant plus tôt, il serait sujet à monter en graine; il lui faut une terre bien amendée et profondément labourée; s'il lève trop épais, il faut l'éclaircir et le placer à 24 ou 30 centimètres l'un de l'autre, afin de lui procurer une belle croissance. Le raifort se mange ordinairement cru; son goût est à peu près celui du radis ordinaire, et il a toutes les propriétés de ce dernier.

RAIPONCE. Cette plante constitue l'une des meilleures salades d'hiver. Son goût est plus agréable que celui de la mâche, dont elle a, du reste, toutes les propriétés. Semis à la volée en mai et juin. Exposition ombragée. On couvre le semis d'un centimètre de terrain fin et l'on entretient la terre légèrement humide. On peut aussi semer vers la fin d'août. La plante levée est sarclée de toutes mauvaises herbes, on la laisse jusqu'après l'hiver. On commence à en jouir depuis le commencement de février jusqu'à la fin d'avril, qui est le temps de pousser sa tige. On laisse ce qu'on veut pour monter en graine. Cette graine se conserve trois ans.

RAVES et RADIS. Les raves et les radis, dont on compte plusieurs variétés, aiment en général une terre meuble, fraîche et qui ait de la profondeur. On en sème la graine presque toute l'année. En été, on doit semer à l'ombre et arroser souvent, pour que les racines soient tendres. En hiver on les sème en couches. Si on veut en avoir pendant une partie de l'hiver, on les sème à la fin de septembre, et on les repique en novembre, au pied d'un mur à exposition chaude, et on les enterre jusqu'à la naissance des feuilles ; il est indispensable de les couvrir pendant les gelées.

RHUBARBE. Plante à grandes feuilles, dont les côtes sont alimentaires. La *rhubarbe ondulée*, moins volumineuse, est utilisée par les Anglais, qui font des tartes avec les côtes. La rhubarbe se sème en pots sur couche et sous châssis ; repiquage *idem*. A la troisième année, pleine terre à bonne exposition, et bonne couverture l'hiver. La *rhubarbe ondulée* se sème en place à large distance. Mêmes semis et même exposition

ROQUETTE. Plante annuelle, employée en salade. Semis clairs et successifs, à partir du mois de mars jusque dans le cours de l'été, si l'on veut avoir des feuilles jeunes et tendres pendant tout l'été ; on éclaircit, on sarcle et on arrose au besoin. La graine dure de trois à quatre ans.

SALSIFIS. Plante qui, par sa nature pivotante, demande une terre profonde, légère, substantielle et bien cultivée. L'usage de cette racine est généralement connu ; on la sème depuis février jusqu'en mai, pour en faire usage dès le milieu de l'automne ; elle peut rester en terre l'hiver ; on la conserve aussi dans le sable comme les *carottes* et les *navets*.

SARRIETTE. Plante annuelle d'une odeur assez pénétrante, qui se propage d'autant plus facilement que ses graines se sèment souvent d'elles-mêmes. La *sarriette* parfume agréablement les *fèves de marais*. C'est son principal usage. On peut faire des bordures avec une *sarriette vivace* dont les feuilles et le port ressemblent à l'*hysope*. Les abeilles aiment beaucoup ses fleurs.

SCORSONÈRE ou SALSIFIS D'ESPAGNE. Ne diffère du salsifis commun que par sa racine noire ; sa culture et ses propriétés sont les mêmes.

SOUCHET COMESTIBLE. Plante dont les racines donnent un grand nombre de tubercules nommés *amandes de terre*, qui sont nourrissants et se plantent et se récoltent comme les pommes de terre. Il leur faut un terrain léger et humide.

SPILANTHE ou ABÉCÉDAIRE. Plante annuelle cultivée pour assaisonnement. Semis au printemps sur couche ; repiquage

au midi, quand le plant est assez fort ; arrosements fréquents.

TETRAGONE ÉTALÉE. Plante rampante, dont les feuilles
se renouvellent à mesure qu'on les coupe ; s'emploie comme
épinards d'été ; elle aime beaucoup la chaleur. Semis en
pleine terre, douce, terreautée, fin d'avril ou commencement de mai ; trois ou quatre graines par touffes espacées de
54 centimètres en tous sens, car la plante s'étale beaucoup
en couvrant le terrain ; on ne laisse ensuite que le pied le
plus vigoureux. Plus communément on sème sur couche,
en petits pots, ou en plein terreau, à 12 ou 15 centimètres
de distance, ou sur un bon ados de terreau, puis, à l'époque
indiquée ci-dessus, on lève le plant en motte et on le met
en place à la distance de 54 ou 72 centimètres.

THYM. Se cultive comme la sarriette. On en fait aussi des
bordures. On compte comme variété le *thym à larges feuilles*,
le *thym citronnelle* et le *thym panaché*.

TOMATE ou **POMME D'AMOUR**. Plante annuelle dont les
fruits sphériques et d'un beau rouge vif sont employés dans
nos cuisines pour relever le goût des sauces. La culture de
la *tomate* est la même que celle du *piment*. Il faut pincer les
tiges quand les fruits sont bien noués, et effeuiller peu à peu
pour que la chaleur du soleil achève de les mûrir.

TOPINAMBOUR ou **POIRE DE TERRE**. La racine de cette
plante, classée parmi celles potagères, produit un grand
nombre de tubercules allongés et de forme irrégulière, moins
recherchés et beaucoup moins bons que la *pomme de terre*.
La culture de cette dernière peut être suivie pour le *topinambour*, qui n'est pas difficile sur le choix du terrain.
Quelques tubercules laissés en terre produisent, presque
sans soin, d'assez bonnes récoltes pendant plusieurs années

VALERIANE. Plante vivace. La variété dite *valériane d'Alger*, dont les feuilles se mangent en salade comme les mâches, se multiplie au printemps jusqu'en juillet, afin d'en
avoir tout l'été, par l'éclat des pieds ou par semis dans
toute sorte de terre.

CULTURE

ARBRES FRUITIERS

—

ABRICOTIER. Cet arbre aime la chaleur et réussit mieux en espalier qu'en plein vent; cependant les fruits venus de cette manière sont préférables aux autres. On le greffe en écusson sur l'*amandier*, le *prunier* ou l'*abricotier* provenu de semis. Ses fleurs, qui paraissent de très-bonne heure, sont souvent détruites par les gelées; mais on peut les garantir avec des toiles ou des paillassons. La taille de l'*abricotier* est à peu près la même que celle du *pêcher*, excepté que celui-ci ne supporte pas la suppression des branches usées qui, sur l'autre, peut avoir lieu jusqu'auprès de la greffe. Voici les noms des meilleures espèces d'abricots : *petit abricot hâtif*, *gros abricot hâtif*, *abricot d'Angoulême*, *abricot ordinaire*, *abricot-pêche*, *abricot d'Auvergne*, *abricot royal*, *abricot panaché*. Les *abricots* mûrissent depuis la fin de juin jusqu'au 15 ou 20 août. L'abricotier en espalier se taille comme la figure 1. Il peut se disposer aussi comme le pêcher; ainsi que tous les autres fruits à noyaux; l'abricot peut être hâté à l'espalier au moyen d'un châssis vitré (*fig.* 2).

AMANDIER. Arbre d'une moyenne taille, à rameaux flexibles, qui se multiplie d'amandes semées au printemps et croît très-promptement. C'est le sujet le plus propre à recevoir les greffes des pêchers et autres sujets à noyau. On compte dans les fruits plusieurs variétés : *amande à coque dure*, *amande amère*, *amande à coque tendre*, *amande princesse* ou *des dames*, etc. L'*amandier* se cultive en plein vent, en espalier ; il est facile de le garantir des gelées comme on fait pour les *abricotiers*.

ARBOUSIER COMMUN, ARBRE AUX FRAISES. Arbrisseau dont les rameaux rouges s'élèvent à 4 mètres. Ses feuilles sont d'un beau vert et persistantes. Fleurs en grappes simples ou doubles, blanches ou rouges selon les variétés. Fruit comme la fraise, sans en avoir la bonté. Marcottes ou semis sur couche aussitôt la maturité des graines. Terre de bruyère. Bons abris l'hiver ; mieux encore l'orangerie.

CAPRIER COMMUN. Arbrisseau dont les tiges, d'environ 1 mètre 33 cent., sont épineuses et cylindriques. Feuilles lisses et arrondies. Belles fleurs grandes et blanches, en mai et juin. Exposition chaude, et terre légère. Couverture pendant les froids. On fait confire dans le vinaigre les boutons de ses fleurs, que l'on nomme *câpres*. Il s'en fait un grand commerce dans les environs de Marseille. Les fruits charnus, de la grosseur d'un gland, se préparent aussi comme les *cornichons*. Le *câprier*, dont il existe beaucoup d'espèces, se multiplie de marcottes ou de graines sur couche et dans des pots, qu'il est bon de rentrer l'hiver en orangerie. Les sujets se mettent en place quand ils sont assez forts.

CERISIER. Arbre d'un beau port, généralement connu et cultivé. Ecorce lisse, grisâtre et luisante. Fleurs blanches avant les feuilles, qui sont très-belles et diffèrent selon les espèces et variétés. Le *cerisier* vient partout, mais il préfère une terre profonde et légère. On le propage de noyaux, de drageons ou de rejetons, et par la greffe en écusson à œil dormant, ou en poupée sur le *merisier*, le *prunier*, l'*arbre de Sainte-Lucie*, et les *sujets provenus du semis*. Le fumier et la taille ne sont pas nécessaires à cet arbre, qui ne demande d'autres soins que d'être dégagé du bois mort et de la gomme, maladie à laquelle il est très-sujet. Mis en espalier et gouverné à peu près comme le *pêcher*, on obtient du fruit plus hâtif et plus beau. Voici quelques-unes des principales variétés : MERISIER, *cerisier sauvage ou des bois;* GUIGNIER à fruits noirs, gros et petits, à gros fruits blancs, plus ou moins gros, hâtifs ou tardifs. Parmi ces derniers, on remarque le *cerisier des quatre à la livre,* dont le fruit est très-gros, la chair ferme, et les feuilles très-grandes; et le *bigarreautier à fruit jaune*, plus petit, mais beaucoup meilleur.

Les *cerisiers* ou *griottiers* produisent des fruits acides; les principaux sont : la *petite cerise précoce de mai*, la *grosse précoce*, la *Montmorency*, la *cerise d'Angleterre*, le *gros gobet à courte queue* et la *griotte de la Toussaint*, dont le seul mérite est de mûrir en septembre et quelquefois en octobre.

CHATAIGNIER. Grand arbre dont les feuilles dentées, lancéolées, et d'un beau vert, produisent un ombrage épais. Le bois sert à faire de très-belles charpentes, du treillage, des cerceaux et d'excellent charbon. Le fruit fait la principale nourriture des habitants de certaines contrées de la France. La substance farineuse qu'il renferme est sucrée. Il se mange rôti ou bouilli.

CHATAIGNIER-MARRONNIER. Il ne diffère du précédent que par ses fruits, beaucoup plus gros, qui se nomment *marrons*. Ceux de *Lyon* et d'*Agen* sont très-renommés. Les *châtaigniers* offrent plusieurs variétés qui se multiplient toutes de semis au printemps, et, par la greffe d'une espèce sur l'autre, en flûte ou en écusson à œil poussant. Ces arbres aiment une terre légère, franche et profonde. Ils ne viennent pas partout.

COIGNASSIER. Arbre à tige noueuse, dont les fruits, nommés *coings*, servent à faire des confitures et des liqueurs. C'est principalement pour greffer les *poiriers* qu'on élève des *coignassiers*, qui aiment un terrain profond, léger et frais, et l'exposition du midi. Ils se multiplient par boutures, marcottes et rejetons, ou par le semis; mais ce dernier moyen est rarement usité.

ÉPINE-VINETTE COMMUNE. Charmant arbuste, dont les fruits servent à faire des confitures. L'épine vinette se place comme le groseillier; on en fait aussi des haies. On ne la taille pas; on se contente d'élaguer le bois mort et les branches trop serrées. Il y a une variété, *à gros fruits*, une autre *à fruits blancs*, et une troisième à *fruits violets*.

FIGUIER. La culture du figuier consiste à lui donner quelques labours, et à enlever les branches mal placées. S'il était atteint par la gelée assez fortement pour que l'on craignît de le perdre, il suffirait de le couper par le pied; ses racines, dans ce cas, produisent de nouvelles tiges qui donnent des fruits dès la seconde année. On emploie deux moyens faciles pour augmenter la grosseur du fruit et hâter sa maturité. On supprime le bouton à bois placé au-dessus de la jeune figue, et, en juin, on pince le bouton terminal du bourgeon; puis, quand le fruit atteint un peu plus des deux tiers de sa grosseur, on prend une grosse aiguille ou poinçon que l'on trempe dans l'huile d'olive, et on l'enfonce dans l'œil de chaque figue, à 7 ou 9 millimètres de profondeur. Avec un peu de soin, on peut obtenir du figuier deux récoltes, l'une en été, l'autre en automne; il suffit pour cela de retrancher sur quelques branches les figues de la récolte d'été, lorsqu'elles ont atteint la grosseur du doigt, et de cicatriser les plaies en jetant aussitôt dessus un peu de poussière de plâtre ou de chaux vive. Ces branches poussent aussitôt des bourgeons qui se couvrent de nouveaux fruits; on pince le bouton terminal quand ceux-ci sont bien formés, et ils ont le temps de mûrir avant les gelées. On compte trois variétés principales : la *figue blanche longue*, la *blanche ronde d'automne* et la *violette*. La première est la plus généralement cultivée et la meilleure. La *violette*, plus tardive, a un goût très-agréable.

FRAMBOISIER. Cet arbrisseau épuise la terre et nuit aux plantes voisines, en absorbant les sucs nutritifs ; il a besoin d'engrais à l'automne, mais du reste il n'est pas difficile sur le terrain, quoiqu'il préfère un sol frais et un sol demi-ombragé. En novembre, mars, multiplication de drageons qu'on plante au fur et à mesure des besoins prévus. A la fin de l'hiver on taille les rejetons qui ont fructifié pour faire ramifier la plante, et un labour soigné complète l'opération. Il y a des framboisiers à *fruits rouges*, à *fruits blancs*, à *fruits noirs* et à *fruits roses*.

GRENADIER. Arbrisseau de pleine terre dans le midi de la France; mais qui ne subsiste dans le climat de Paris qu'à bonne exposition. Il lui faut une terre légère et bien terreautée, le soleil et de fréquents arrosements l'été; il demande à être rentré l'hiver dans l'orangerie, et il se multiplie de boutures, marcottes et drageons enracinés, ou par la greffe sur le franc.

GROSEILLIER. Ce genre ne compte chez nous que trois espèces cultivées : les groseilliers à *fruits rouges*, à *fruits noirs* ou *cassis*, *épineux*, ou *à maquereaux*. La dernière espèce est remarquable, dans quelques variétés, par la grosseur de ses fruits. Les groseilliers, du reste, se cultivent de la même manière. Tous veulent une terre légère et sablonneuse et demandent à être changés de place tous les cinq ou six ans. Semis, marcottes, boutures, rejetons ou éclats; ces deux derniers moyens sont les plus usités.

MURIER. Arbre d'une moyenne taille dont il existe trois espèces : fruits noirs, fruits rouges et fruits blancs, qui ne sont pas également bons. Les *mûriers* s'accommodent de toutes sortes de terrains; cependant ils préfèrent une terre légère et substantielle, et demandent à être abrités des vents du nord. Ils se multiplient de graines, mais beaucoup plus promptement de marcottes, de boutures et de rejetons, ou par la greffe. Les *mûriers blancs* et surtout ceux *de Constantinople* offrent les feuilles les plus propices aux vers à soie. Le *mûrier noir* a des fruits très-gros et agréables au goût.

NÉFLIER ou MESLIER. Arbre fruitier, dont il existe plusieurs variétés à fruits plus ou moins gros et bons qui se nomment *nèfles* ou *mesles*. C'est ordinairement sur la paille qu'en automne ils acquièrent le dernier degré de maturité. Le *néflier à gros fruits* est le plus estimé. Le *néflier sans noyaux* ou *osselets* a le fruit petit mais délicat. Les *néfliers* ne demandent pas à être taillés. Si l'on veut avoir des fruits, il ne faut rien déranger de leur forme irrégulière, car on diminuerait les récoltes des nèfles qui apparaissent toujours à l'extrémité des rameaux. Chaque nèfle contient cinq noyaux qui mettent ordinairement deux ans à lever; aussi emploie-t-on des moyens plus rapides, tels que le marcottage, la greffe sur aubépine, néflier des bois, azerolier, coignassier, poirier. Tout terrain et toute exposition. La culture n'exige pas de grands soins.

NOISETIER, COUDRIER, AVELINIER. Arbuste qui vient en buisson dans les terres légères et humides, à l'exposition du nòrd ou du levant. Il se multiplie plus ordinairement par les marcottes ou les drageons enracinés que par le semis, ce moyen étant fort long. Les *noisettes* et les *avelines* sont connues partout. Voici les principales variétés : NOISETTE COMMUNE, blanche; NOISETTE FRANCHE, rouge, brune ou blanche; AVELINE, fruit très-gros et rond.

NOYER. Très-grand et très-bel arbre, trop connu pour qu'il soit besoin de le décrire. Il offre plusieurs variétés dans les fruits, parmi lesquelles le *noyer à coque tendre* paraît mériter la préférence. Ses fruits non formés, confits au sucre, sont stomachiques, et d'un goût agréable. Un peu plus avancés, ils se nomment *cerneaux* et sont très-recherchés, quoique peu convenables aux individus faibles et délicats. Le voisinage du *noyer* est nuisible aux plantes, qui ne viennent jamais bien sous son ombre. Ses émanations sont aussi contraires à la santé, c'est pourquoi on le plante en avenue ou à l'extérieur des clos, dans des places vagues, où il peut croître utilement sans être nuisible.

ORANGER. L'*oranger* est originaire de la Chine, d'où il a été apporté au seizième siècle. Il tient le premier rang parmi les arbres d'ornement, et mérite, sous tous les rapports, les soins que lui donnent les véritables amateurs, qui ont de jolies collections de ses nombreuses espèces et variétés. Ce bel arbre, auquel il faut une terre particulière et composée, est assez vigoureux et d'un port régulier, que la taille rend encore plus gracieux. Ses feuilles sont persistantes et lisses; ses fleurs très-odorantes et blanches, et ses fruits délicieux. Il faut transplanter les *orangers* tous les cinq ou six ans, et les placer dans des caisses ou vases proportionnés à leur volume. La terre doit être souvent binée et arrosée. Deux ou trois fois pendant l'été des arrosements se font avec une eau dans laquelle on aura mis une certaine quantité de crottin de mouton, de fiente de pigeon et de sciure de corne. Leur taille n'est pas assujettie à des règles particulières comme celles des autres arbres fruitiers; elle consiste à leur donner une forme régulière. La terre à orangers se prépare au moins trois ans à l'avance pour que le mélange ait le temps de fermenter, et que, les éléments en étant bien combinés, on puisse s'en servir sans craindre de brûler les arbres ou de les laisser manquer de nourriture. Voici la composition la plus généralement adoptée : terre franche et terreau de couche mélangés par égales portions ; un dixième de fumier gras de vache, autant de poudrette et de fiente de pigeon ; un quarantième de marc de raisin, un vingtième de crottin de mouton, et un cinquième de terre de pré. On laisse fermenter ce mélange pendant trois ans avant de s'en servir. Les orangers se cultivent en orangerie dans toute la France, excepté dans quelques départements du midi ; ils se multiplient de graines, de marcottes, de boutures, et par la greffe. Les pépins se sèment en mars et avril, en pots ou terrines enfoncés dans une couche chaude, sous châssis. On arrose et on traite le jeune semis comme ceux des plantes délicates. Au printemps suivant on sépare les sujets, on les enlève autant que cela se peut avec une portion de motte, on les plante chacun dans un pot. On arrose et on les place sur une nouvelle couche pour faciliter la reprise. Ils n'exigent que les soins ordinaires jusqu'à ce qu'ils soient assez forts pour être greffés. Cette opération se fait en écusson.

C'est vers le milieu d'octobre qu'il faut rentrer les *orangers* dans la serre, dont on laisse les croisées ouvertes le plus longtemps possible. Les arrosements doivent diminuer à mesure que le froid augmente. Il faut souvent renouveler l'air et éviter la trop grande humidité, nuisible aux arbres renfermés. Dès que les gelées ne sont plus à craindre, on cesse de fermer les ouvertures pour les habituer au grand air avant leur sortie fixée au 15 mai, plus tôt ou plus tard suivant le climat ou la température. Le *citronnier* et ses variétés diffèrent peu de l'oranger ; leur culture et les soins qu'ils demandent sont les mêmes. Le fruit du *limonnier*, dont on connaît aussi plusieurs variétés, a l'écorce plus douce que celle du *citron*. Ces deux arbres craignent un peu plus le froid et l'humidité que les *orangers*.

PÊCHER. Arbre originaire de la Perse, susceptible d'une grande élévation, et qui se prête volontiers à toutes les formes et à toutes les directions. Les *pêchers* sont délicats et durent bien moins que les autres arbres fruitiers. Les terrains argileux et froids ne leur conviennent nullement. Ils aiment une terre légère, substantielle et profonde, et l'exposition du midi ou du levant, selon qu'ils sont tardifs ou précoces. Ils se multiplient par la greffe en écusson, à œil dormant sur l'*abricotier* venu de noyau, sur les *pruniers de Saint-Julien* et de *Damas noir*, et de préférence sur l'*amandier doux* et *amer*. C'est le nouveau bois qui donne des ruits. La taille est plus ou moins longue, selon que le *pêcher* pousse avec vigueur ou modération. Trois ou quatre branches de même grosseur et bien conduites suffisent pour alimenter celles qui doivent garnir l'arbre, sur lequel on ne conserve de boutons à fruits que ceux doublés, et au milieu desquels se trouve un œil à bois. Les branches, allongées et garnies seulement de boutons à fruits, doivent être supprimés et remplacées par une ou plusieurs branches à bois, selon le vide à remplir. La beauté des *pêchers* dépend de la taille, de l'ébourgeonnement et du palissage. Après cette dernière opération, il faut supprimer une partie des fruits, si leur nombre excède les forces ou l'étendue de l'arbre, en observant de laisser les branches montantes plus chargées que les descendantes. Les *pêchers* appuyés contre des murs de terrasse ne viennent pas aussi bien qu'ailleurs. L'humidité les fait languir, et s'oppose presque toujours à la maturité des fruits. Ces arbres sont sujets à plusieurs maladies. La *gomme*, qui oblige de tailler les branches au-dessus des plaies; la *cloque*, produite par un mauvais air, qui, en épaississant les feuilles, les fait recoquiller et devenir comme galeuses. Il faut ôter toutes ces feuilles, et couper les branches gâtées. Il n'y-a pas de remède quand cet accident arrive une seconde fois. Voici les pêchers le plus généralement cultivés: *alberge jaune, alberge rouge, grosse Madeleine, Madeleine mignonne, pourprée hâtive, grosse violette hâtive, belle de Vitry, gros brugnon violet, grosse mignonne, téton de Vénus, Bellegarde rouge, admirable rouge*. Le pêcher se taille de différentes manières, dont les plus usitées sont : la *taille en V ouvert* (*fig.* 3) et la *taille en carré* (*fig.* 4).

POIRIER. Arbre indigène qui se greffe en fente, en écusson ou en couronne, sur le poirier sauvage pour former des pleins vents en terrain profond; sur les petit et grand coignassiers en espalier, suivant la profondeur du terrain. Les poiriers greffés sur coignassier se mettent plus tôt à fruit, mais ils sont sujets à jaunir, parce que tout terrain ne convient point au coignassier. En général les poiriers en espalier rapportent de beaucoup plus beaux fruits que ceux en plein vent, et ils préfèrent les expositions du levant et du couchant à toute autre; il en est cependant qui s'accommodent de toutes, pourvu que le terrain leur convienne. Les variétés les plus recherchées sont : le *petit muscat*, le *muscat Robert*, le *petit blanquet*, la *blanquette à longue queue*, la *poire d'Espagne*, le *gros blanquet*, la *madeleine*, le *bon-chrétien*; les *beurrés gris*, *d'Aremberg* et *d'Angleterre*; les *doyennés roux*, *blanc*, *d'été*, *d'hiver*; les *bergamottes d'été*, *d'hiver*, *de Hollande*, les *crassane*, *noisette*, *messire-Jean*, *Martin-sec*, *virgouleuse*; *Saint-Germain*, *ambrette*, *Colmar*; *de Saint-Père*, *poire de livre*, *catillac*, etc. Le poirier se taille en *éventail* (*fig.* 5), en *pyramide* (*fig.* 6), en *vase* (*fig.* 7), etc.

POMMIER. Arbre de moyenne grandeur qui se cultive à peu près de même que le précédent. Tous les terrains lui conviennent; cependant il préfère les terres grasses, profondes et un peu humides; l'exposition au midi paraît lui être nuisible. Ainsi que le poirier, il se prête à toutes les formes qu'on veut lui donner, en espalier, contre-espalier, en entonnoir, en quenouilles, etc. L'une des plus jolies formes qu'on puisse lui donner est celle de *buisson nain* (*fig.* 8). Quelques espèces, abandonnées à elles-mêmes en plein vent, sur le bord des chemins ou dans les vergers négligés, acquièrent une grande hauteur, tandis que d'autres restent toujours naines au moyen de la taille. Les pleins vents de hauteur médiocre, les entonnoirs, les quenouilles, les espaliers et les contre-espaliers se greffent d'ordinaire sur le *doucin*, espèce plus petite que le sauvageon; ce dernier, comme le sujet élevé de pepin ou d'éclat de racine, donne les arbres de plein vent à haute tige. Les petits buissons et les contre-espaliers se greffent sur une espèce naine, très-féconde, qu'on appelle *paradis*. Les greffes se font en écusson à œil dormant, en fente ou en couronne, sur des sujets de leur espèce. Voici les noms des meilleures pommes selon l'ordre de maturité : *calville d'été rouge, rambour d'été, reinette grise, calville rouge d'automne, grosse reinette blanche, reinette dorée, reinette franche, reinette d'Angleterre, reinette du Canada, reinette royale, reinette grise d'hiver, reinette à côtes, calville rouge et blanc d'hiver, court-pendu rosat, petit drap d'or, petit api, gros api.*

PRUNIER. Le prunier se greffe du 1er au 10 mars, en fente sur des sujets de 3 centimètres de diamètre et de 1 mètre 70 centimètres ou 2 mètres de haut. On a du fruit dès la seconde année. Il y a plusieurs variétés de pruniers. Voici, par ordre de maturité, celles qui méritent d'être placées dans les jardins et les vergers :

PRUNE DE SAINT-JEAN ou DAMAS HATIF DE PROVENCE. Fruit moyen, oblong; peau noire, chair jaune, sucré, bon productif; mûrit en juin.

PRUNE DE MONSIEUR. Peu productif; fruit gros, rond, violet, médiocre; fin de juillet.

ABRICOTÉE BLANCHE. Productif, fruit très-gros, rond, jaune, pâle à l'ombre, doré au soleil, bon; commencement d'août.

GROSSE REINE-CLAUDE. Productif; fruit très-gros, rond, vert, tiqueté de rouge au soleil, sucré, également bon, cru ou cuit; mi-août.

PETITE MIRABELLE. Productif; fruit petit, allongé, jaune d'or et tiqueté de rouge; sucré, bon; fin d'août.

REINE-CLAUDE VIOLETTE. Peu productif; fruit rond, un peu allongé et ridé vers la queue, ayant une faible rainure, peau violette, chair verte, bon, sucré; mûrit fin d'août.

PERDIGON BLANC. Fruit moyen, un peu allongé, ayant une rainure, peau vert-jaunâtre; bon, sucré; mûrit en septembre.

ABRICOTÉE ROUGE. Fruit gros, rond, doré d'un côté, rouge de l'autre, sucré, bon; mûrit en septembre.

SAINTE-CATHERINE. Arbre grêle; fruit gros, allongé, d'un vert jaune, queue très-longue, sujet à verser, bon en pruneaux; fin septembre.

DAMAS DE SEPTEMBRE. Productif, bois cassant; fruit petit, peau noire, assez bon; fin septembre.

Prune de Saint-Martin. Arbre grêle, fruit rond, moyen, violet, rougeâtre, assez bon pour la saison; mûrit en novembre, supporte très-bien trois ou quatre degrés de froid.

La grosse reine-Claude, le perdigon blanc, le Saint-Julien et tous les damas se reproduisent de noyaux; mais ce moyen est long; et, comme il n'offre aucun avantage, il vaut mieux greffer. L'espèce de *Saint-Julien* est préférable pour cet usage; elle drageonne beaucoup et ses drageons font d'excellents sujets si l'on a soin, en les plantant, de diriger en bas l'extrémité de leurs racines. Le prunier est peu délicat, il s'accommode de tout terrain, pourvu qu'il ne soit pas trop sec et qu'on le place dans un lieu aéré. On ne l'élève guère qu'en plein vent et il faudrait avoir bien de l'espace à perdre pour le mettre en espalier, où il donnerait autant de peine qu'un pêcher, sans que cela contribuât à améliorer son fruit; au contraire, quoique en plein vent, le prunier a besoin d'être taillé de temps en temps, d'être dirigé, dans les deuxième et troisième années de la greffe, en rabattant les jeunes pousses, et d'être dépouillé de l'extrémité des branches et des gourmands. Le tout se fait depuis novembre jusqu'en février. Dans les espèces trop productives, on retranche, le long des branches, un bourgeon à fruit sur trois ou quatre. La figure 9 représente un prunier en espalier. Lorsque les *prunes* sont mûres, on casse des branches dont on enfonce le bout dans des trous pratiqués au mur d'une cave; les fruits qu'elles portent se conservent jusqu'au printemps.

VIGNE. Cet arbrisseau aime un terrain sec et léger, ayant beaucoup de profondeur, une bonne exposition et l'abri des vents froids; il se multiplie de marcottes ou de drageons, et se plante contre les murs, en berceaux, en treille ou en plein champ. Dès la fin de février, on commence à tailler les vignes de treille exposées au midi; les autres se taillent plus tard. Chaque climat, ou, pour mieux dire, chaque pays a sa règle pour l'époque et pour la manière; mais partout l'on est d'accord d'ébourgeonner souvent (excepté dans le temps de la floraison), de palisser, d'effeuiller, enfin de sarcler, biner et labourer. Pour tailler convenablement la vigne, il est indispensable d'en examiner la force, l'étendue et la hauteur, afin de la tailler plus ou moins longue ou courte; on doit commencer à ôter non-seulement tout le bois mort, mais encore celui qui est superflu et capable d'épuiser une partie de la séve · il faut toujours choisir et conserver les branches les mieux nourries, elles doivent être taillées à trois, quatre et cinq yeux; on peut leur donner même encore plus de longueur, lorsqu'il s'agit de garnir quelques lieux plus éloignés, pour les faire monter plus vite. La branche plus basse doit être taillée au second œil que l'on nomme *courson*, pour produire deux autres branches propres à remplacer par la suite celle qu'on a taillée à quatre ou cinq yeux : cette observation se fait lorsqu'il manque des places et qu'on ne veut point la faire monter plus haut. Les espèces les plus généralement cultivées pour la table ou pour l'office, sont les suivantes : *raisin précoce de la Madeleine; chasselas de Fontainebleau, noir, doré, cioutat,* etc.; *verdal, muscat, blanc, rouge, d'Alexandrie; cornichon blanc, corinthe blanc, verjus,* etc.

CULTURE

DES

PLANTES D'AGRÉMENT.

ABRICOTIER. L'abricotier à *fleurs doubles*, qui se cultive comme l'abricotier ordinaire, donne de très-jolies fleurs au printemps.

ABRICOTIER DE SIBÉRIE OU ARMENIACA. Charmant arbrisseau de 2 mètres de hauteur, produisant de jolies fleurs rouges. Culture de l'abricotier ordinaire.

ABRICOTIER A FEUILLES PANACHÉES. Même culture.

ACACIA. Bel arbre, à fleurs blanches ou jaunes, en grappes, odorantes, qui paraissent au mois de mai; Il se multiplie par ses rejetons ou des graines semées au printemps.

ACACIA OU ROBINIER ROSE. Il ne s'élève pas au-delà de 4 mètres. Les tiges sont couvertes de poils rougeâtres. Fleurs en grappes inodores et très-belles. Il est plus cassant que le précédent, sur lequel on le greffe en fente au mois de mars.

ACACIE. Il existe sous ce nom beaucoup de plantes; les feuilles de plusieurs se resserrent le soir ou dès qu'on les touche; elles demandent toutes une bonne terre, des soins particuliers, et l'orangerie ou la serre chaude. On peut les multiplier de boutures ou par le semis au printemps sur couche chaude. Voici les noms de quelques espèces : *acacie de Constantinople ou arbre de soie, acacie de Farnèse, acacie odorante, acacie à grappes, acacie de Malabar, acacie à deux épines, acacie à feuilles de lin, acacie à feuilles de myrte, acacie blanche, acacie élégante, acacie pudique* ou *sensitive. V.* ce dernier mot.

ACANTHE SANS ÉPINES. Plante vivace, cultivée pour la

beauté de son feuillage. Éclat des racines, en automne, ou semis au printemps. Garantir des gelées avec de la litière.

ACHILLÉE. Plante dont il existe plusieurs espèces, qui fleurissent de juillet à septembre. Elles demandent une terre fraîche, légère, une exposition chaude ; couverture dans les froids intenses. Elles se multiplient de semences ou de racines. On distingue *l'achillée rose*, fleurissant de juin à septembre; *l'achillée d'Égypte*, à fleurs d'un beau jaune ; *l'achillée élégante*, à jolies fleurs blanches, etc.

ACHIMÈNE ÉCARLATE. Plante à fleurs rouges, à racines tuberculeuses, originaire de la Jamaïque. Elle ne se multiplie qu'en serre chaude.

ACONIT. Plante vivace et de pleine terre dont les fleurs, imitant un casque, paraissent en été. Il y en a plusieurs espèces qui toutes se multiplient de graines en terre douce à mi-ombre, et par éclats ou par la division de leurs touffes. Les aconits à *fleurs bleues*, parmi lesquels on distingue *l'aconit napel* et *l'aconit porcelaine*, sont les plus jolis. *L'aconit du Japon* fleurit jusqu'en novembre. Parmi les aconits à *fleurs jaunes* figurent *l'aconit tue-loup*, *l'aconit des Pyrénées*, etc.

ACTÉE. Genre de plante donnant en avril des fleurs blanches en épi, puis des fruits rouges ou noirs. Elle se cultive comme l'aconit.

ADATODE, NOYER DES INDES OU DE CEYLAN, CARMANTINE. Arbrisseau de 3 à 4 mètres, à feuilles persistantes, donnant en été un épi de grandes fleurs blanches ; multiplication de boutures et marcottes. Orangerie, exposition chaude; arrosements fréquents en été.

ADONIDE ou ADONIS. Plante dont on cultive surtout les deux espèces suivantes :

ADONIDE D'ÉTÉ, GOUTTE DE SANG, RUBIS ou RENONCULE DES BLÉS. Plante en buisson de 33 centimètres. Les feuilles sont découpées, et les fleurs très-petites, d'un beau rouge vif ; elles se montrent en juin et juillet. Bonnes terre et exposition. Semis en place aussitôt la maturité des graines. *Variétés à fleurs jaunes et blanches.*

ADONIDE PRINTANIÈRE. Cette espèce est vivace et se multiplie par l'éclat des racines ou de graines qui, semées en automne, ne lèvent qu'au printemps suivant. Feuilles semblables à celle de la camomille. -

AGAVÉ. Il existe plusieurs espèces d'*agavés* qui demandent des soins particuliers, la serre ou l'orangerie. Les tiges de toutes s'élèvent très-haut, et produisent une quantité innombrable de fleurs d'un vert blanc–jaune ou d'un blanc-verdâtre.

AIL. Plusieurs espèces d'ail se cultivent comme plantes d'ornements. Telles sont *l'ail blanc*, *l'ail jaune*, *l'ail odorant*, *etc*. Les aulx se cultivent partout; ils préfèrent un terrain sec; multiplication de graines et de caïeux. Les aulx à odeur de vanille et à fleurs de lis veulent l'orangerie.

ALCÉE, Passe-rose, Rose trémière ou Althée. Cette plante, dont le port est joli, fait l'ornement des jardins par ses fleurs simples ou doubles et de couleurs très-variées qui durent une partie de l'automne. La *rose trémière de la Chine* est plus basse; ses fleurs ont beaucoup plus d'éclat. La *rose trémière à feuilles de figuier* ne diffère de la première que par son feuillage. Toutes trois, *trisannuelles* ou *quadrisannuelles*, se sèment sur couche en septembre ou en mars. La graine de deux ans vaut mieux que celle de l'année.

ALISIER TORMINAL ou Alouchier des bois. Arbre de moyenne grandeur dont les feuilles sont assez semblables à celles du mûrier blanc. Il produit de jolis petits fruits, et se multiplie de marcottes et de rejetons, ou par la greffe sur épine. On distingue plusieurs espèces dont voici les principales:

Alisier de Fontainebleau, Alisier blanc, Alisier a larges feuilles, Alisier amelanchier, Alisier a épi, *Amelanchier du Canada*. Ils diffèrent entre eux par la taille, le feuillage et les fruits plus ou moins gros.

ALOÈS. Plante dont il existe beaucoup d'espèces et variétés qui demandent toutes la serre chaude l'hiver. Elles se multiplient de semis sur couche ou de drageons qu'on laisse sécher une huitaine avant de les mettre en pots. Les feuilles de l'*aloès* sont charnues, épaisses, épineuses sur les bords et longues. Les tiges, plus ou moins élevées, sont terminées par des fleurs verdâtres, blanches, rouges, purpurines, en épis ou en grappes suivant les variétés.

, AMANDIER. On cultive pour l'agrément plusieurs *amandiers* qui se multiplient par la greffe sur le commun. Tels sont l'AMANDIER A FLEURS DOUBLES BLANC ROSE, qui paraissent en mai, c'est un bel arbrisseau; l'AMANDIER NAIN ou de PERSE, à fleurs simples ou doubles en avril; rouge vif d'abord, et roses ensuite : ce joli petit arbuste produit un effet charmant; l'AMANDIER SATINÉ, etc.

AMARANTHE TRICOLORE. Plante annuelle fleurissant pendant l'été. Terre substantielle. Semis sur couche au printemps. Plant repiqué à bonne exposition.

AMARYLLIS. Plante de la famille des narcissées, oignon moyen qui se plante fin septembre dans une terre légère, un peu à l'ombre. Tous les deux ou trois ans on les relève quand les feuilles sont sèches et l'on sépare les caïeux pour les replanter en terre neuve. Bonne couverture l'hiver. La plante donne de mai en août une ou deux grandes fleurs, d'un pourpre velouté très-brillant.

AMARYLLIS-BELLADONE, *Narcisse Madame*. Ses fleurs, qui se montrent en septembre, sont blanches, mêlées de rose, semblables à celles du lis ordinaire et odorantes.

AMARYLLIS RAYÉE. Grandes fleurs blanches rayées d'un beau rouge, paraissant au printemps.

AMARYLLIS A FLEURS EN CROIX, *Lis ou Croix de Saint-Jacques*. Belles fleurs d'un velours rubis, parsemées de petits points d'or. Elles n'ont pas d'odeur, et se montrent en juillet ou août.

Les espèces d'*amaryllis* que nous venons de décrire sont les plus cultivées; elle s'élèvent de 18 à 72 centimètres, et se multiplient de caïeux au printemps. Bonne terre, mieux encore celle de bruyère.

Il en existe *quinze* ou *vingt autres,* presque toutes de serre chaude.

AMBROISIE, THÉ DU MEXIQUE. Plante annuelle et très-aromatique qui se produit souvent d'elle-même, et que l'on peut semer au printemps sur couche ou en place à bonne exposition.

AMÉTHYSTE BLEUE. Jolie plante annuelle de 33 centimètres qui se sème en place au printemps. Fleurs petites, d'un beau bleu et d'une odeur agréable. Terre légère et l'ombre.

AMORPHA, Indigo batard, Barbe de Jupiter. Arbrisseau qui se multiplie par semences, marcottes, rejetons ou boutures. Ses feuilles ailées ressemblent à celles de l'*indigo*. Fleurs violettes et jaunes, petites et en longs épis ; elles paraissent l'été.

AMSONIA a larges feuilles. Se multiplie d'éclats et de graines. Terre de bruyère humide et ombragée. L'*amsonia à feuilles étroites* et l'*amsonia à feuilles de saule* se cultivent de même. Toutes donnent de belles fleurs bleues.

ANCOLIE. Plante qui se cultive comme les pivoines. On distingue l'*ancolie des jardins*, dont il existe plusieurs variétés à fleurs doubles, blanches, bleues, rouges et violettes; l'*ancolie de Sibérie* et l'*ancolie du Canada*.

ANDROMÈDE du Maryland. Plante qui se cultive en buisson presque toujours vert. Feuilles ovales et luisantes. Fleurs en grappes, grandes, blanches et en cloche, paraissant au mois de juillet. Il existe encore différentes espèces d'*andromèdes* qui sont toutes des arbrisseaux plus ou moins grands, à l'exception de *celle en arbre*, dont la taille est d'environ 3 mètres 66 centimètres. Terre légère et entretenue humide. Exposition abritée du soleil. Multiplication par semis sur couche, éclats des pieds, rejetons ou marcottes.

ANDROSACE. Trois espèces de cette plante forment de jolis gazons mélangés de fleurs rouges ou blanches, et jaunâtres dans l'intérieur. Éclat des pieds ou semis en avril.

ANÉMONE. Plante donnant au printemps des fleurs de toutes couleurs, simples, semi-doubles ou doubles, dont on fait des planches magnifiques.

En octobre ou novembre on plante les pattes d'anémones à 15 ou 18 centimètres d'intervalle en tout sens, et à 4 à 5 centimètres de profondeur, en planches bien dressées de bonne terre meuble ou ameublie, sans aucun engrais neuf; il est bon de couvrir les planches de 3 ou 6 centimètres de terreau consommé. Arroser dans les printemps secs. Préserver les anémones défleuries du soleil après les pluies d'orage, qui les ruineraient. Lorsque les feuilles jaunissent et se sèchent, déplanter les pattes, les nettoyer ; éclater les plus grandes excroissances pour multiplier les individus; les étendre en lieu sec et aéré ; les ramasser sèchement ; ne les réplanter que de 15 à 24 mois après.

ANSÉRINE A BALAIS, BELVÉDÈRE, CYPRÈS D'ÉTÉ. Plante annuelle, odorante, dont les tiges s'élèvent à 1 mètre ou 1 mètre 33 centimètres. Feuilles étroites, fleurs en grappes en été.

ANSÉRINE ROUGE. Toute la plante est rouge, comme les fleurs qui paraissent en même temps que celles de la précédente. Semis en place, mieux sur couches.

ANSÉRINE AMBROISIE. Voir ce dernier mot.

ANTHOLYSE. Parmi plus de quinze espèces ou variétés de cette plante bulbeuse, on distingue l'*antholyse éclatante*, dont les feuilles sont longues de 66 centimètres et les fleurs, en tube évasé, d'un écarlate brillant, en bel épi à l'extrémité de la tige. Toutes les *antholyses* se multiplient de caïeux au printemps, en terre légère ou de bruyère. On peut aussi semer aussitôt la maturité des graines. Les jeunes élèves fleurissent la quatrième année. Les pots doivent être rentrés en orangerie pendant l'hiver.

ANTHOSPERME D'ETHIOPIE, ARBRE D'AMBRE. Arbrisseau de forme pyramidale. Feuilles persistantes, vert foncé et à odeur d'ambre. Les fleurs, qui paraissent en été, sont petites et jaunâtres. Marcottes ou boutures au printemps. Ombre et eau l'été ; orangerie l'hiver.

ANTHYLLIDE ARGENTÉE, ARBUSTE D'ARGENT, BARBE DE JUPITER. Arbrisseau très-joli d'un mètre 33 à un mètre 66 centimètres. Feuilles petites, persistantes et argentées comme les rameaux ; fleurs en bouquets, jaunes, bleues, purpurines ou blanches selon les variétés, qui se multiplient toutes de marcottes, drageons et boutures, ou de graines semées sur couche en automne. Orangerie l'hiver.

APOCIN, GOBE-MOUCHE, TUE-CHIEN. Plante vivace dont les fleurs paraissent l'été, répandent une odeur du goût des mouches, qui viennent s'y prendre par la trompe. Feuilles velues, fleurs roses dehors et blanches dedans.

APOCIN DENTÉ. Plus élevé que l'autre. Fleurs rouges ou blanches ; feuillage du saule. Pour les deux, semis au printemps, pieds enracinés en octobre ; terre légère et bonne exposition. Le dernier doit être garanti des grands froids.

ARBOUSIER. Arbre aux fraises. Arbre d'une hauteur d'environ 5 mètres, toujours vert, donnant de septembre en janvier des grappes pendantes de fleurs rouges ou blanches auxquelles succèdent des fruits ressemblant aux fraises, mais fades et insipides. Se multiplie de drageons, marcottes ou graines semées de bonne heure et placées au printemps en couche tiède. Le plant se repique lorsqu'il a 3 centimètres; on ne le met en pleine terre que quand il est fort. Deux autres espèces, qui demandent une terre préparée et l'orangerie, peuvent se greffer sur le précédent. Un autre, l'**Arbousier raisin d'ours,** à petit fruit d'un beau rouge, vient dans toutes sortes de terrains.

ARGAN. Arbrisseau épineux qui demeure longtemps vert, et dont les feuilles sont un peu soyeuses en dessous; c'est le seul des diverses espèces qui supporte la pleine terre : les autres sont d'orangerie.

ARGENTINE, Céraiste cotonneux, Myosotis des jardiniers, Oreille de souris, Barbette, Bulette. Plante vivace, de bordure ou de massif, qui se multiplie en avril par le semis ou l'éclat des pieds en toutes terres. Feuilles blanches et duveteuses comme les tiges, qui ne s'élèvent pas aud-elà de 27 centimètres; fleurs blanches, petites et terminales.

ARGOUSIER. On cultive deux arbrisseaux de ce nom, à cause de la belle couleur verte des feuilles, qui sont d'un blanc argenté en dessous. Graines semées au printemps. Rejetons, marcottes et boutures. Tous deux sont de pleine terre.

ARGUSE. Plante d'orangerie dont les fleurs blanches, qui paraissent au mois de juillet, répandent l'odeur du muguet. Semis ou boutures en avril.

ARISTÉE GRANDE. Jolie plante vivace donnant de belles fleurs bleues en juillet. Terre légère, exposition chaude, serre tempérée ou orangerie. Se multiplie par éclats ou de graines sur couche, sous châssis ou sous cloche.

ARISTOLOCHE a grandes feuilles. Arbrisseau de 7 à 8 mètres, très-rustique, donnant en juin de belles fleurs d'un rouge noir en forme de pipe. Terre franche et légère; multiplication de graines et de marcottes, avec du bois de deux ans incisé sur un nœud. L'aristoloche, plante très-grimpante, fait très-bon effet pour couvrir des barreaux, murailles, tonnelles, etc. Le bois est aromatique. Il en existe plusieurs espèces.

ARMOISE. Arbuste aromatique se multipliant de boutures et semé au printemps. Terre franche, légère ou de bruyère. Il passe l'hiver en pleine terre.

ARUM GOBE-MOUCHE. Sa tige, creuse et de 66 centimètres, est terminée par une enveloppe jaune en cornet roulé. Sa mauvaise odeur attire les mouches, qui se trouvent arrêtées par les poils dont il est garni. Serre tempérée. Une autre espèce, l'*arum serpentaire*, est cultivée à cause de ses baies rouges, qui sont assez belles.

ASCLÉPIADE CARNÉE. Jolie plante vivace comme toutes les *asclépiades*, dont le genre est très-nombreux. Les tiges de celle-ci s'élèvent à près de 2 mètres. Feuilles lancéolées, entières et cotonneuses; fleurs rouges, petites, en ombelles, paraissant au mois de juillet et répandant une bonne odeur de vanille. Éclats des pieds en octobre, ou graines semées sur couche aussitôt leur maturité. Orangerie l'hiver.

ASPHODÈLE, Vierge de Jacob. Il en existe deux espèces, l'une à fleurs blanches en étoiles, l'autre dont les feuilles sont longues, d'un beau jaune, en épi au mois de juin. Toutes deux se multiplient au printemps par l'éclat des racines.

ASTER. Voir *Marguerite*.

AUBÉPINE. Grand arbrisseau épineux, dont il existe plusieurs variétés plus ou moins jolies. Fleurs blanches roses, simples ou doubles. Ces dernières peuvent se greffer sur l'*aubépine* commune. Les autres se multiplient de marcottes, de pieds enracinés, ou de semis aussitôt la maturité des graines.

AZALÉE NUDIFLORE, Chèvre-Feuille d'Amérique, Ciste de Virginie. Arbrisseau d'un mètre à 1 mètre 33 centimètres, dont les fleurs ressemblent, pour la forme, à celles du *chèvrefeuille*. Elles paraissent en juillet, sont odorantes, blanches, écarlates ou roses, suivant la variété. Azalée pontique. Grandes fleurs en grappes, jaunes et odorantes. Azalée visqueuse. Feuilles lancéolées et entières. Fleurs en juin, très-odorantes et blanches. Il existe de cette espèce plusieurs variétés très-jolies, produites par le semis. Azalée des Indes. Grandes fleurs solitaires, de diverses couleurs suivant les nombreuses variétés. Cette dernière espèce demande la terre

de bruyère et l'orangerie. Les trois autres sont de pleine terre
et se multiplient de boutures, de marcottes, de rejetons
en avril, ou de semis aussitôt la maturité des graines.

AZÉDARACH, FAUX SYCOMORE. Arbre d'une moyenne grandeur, dont le feuillage est assez semblable à celui du *frêne*.
Fleurs odorantes, couleur violet pâle.

AZÉDARACH TOUJOURS VERT, *Lilas des Indes, Margouzier*.
Beaucoup plus petit que le précédent. Feuilles persistantes;
fleurs plus odorantes, dont on jouit pendant près de six mois.
Terre légère et substantielle. Bonne exposition. Orangerie
l'hiver. Peu d'eau dans cette saison, mais beaucoup l'été.
Éclat des racines ou semis sur couche au printemps.

BAGUENAUDIER. Arbre en buisson de 2 à 3 mètres à
grappes de fleurs jaunes. Il se multiplie de semis, drageons,
etc., et vient aisément dans les plus mauvaises terres.

BALSAMINE. Cette charmante plante se cultive comme la
reine-marguerite. La *Balsamine* aime le soleil et l'eau. Elle
est sujette à une maladie qui la fait périr; c'est une tache
noire qui s'étend insensiblement et devient intérieure.

BASILIC. On le cultive à cause de sa bonne odeur et de son
feuillage agréable. Se sème sur couche en mars pour être repiqué en pleine terre.

BELLE DE NUIT. Plante à racine vivace, que l'on traite
généralement comme annuelle. Fleurs en forme d'entonnoir,
blanches, jaunes, rouges ou panachées, qui se montrent tout
l'été, le soir seulement; d'où son nom. Semis sur couche au
printemps. Plant repiqué en place dans une terre légère et
bonne. — Il existe encore trois ou quatre autres espèces de
Belles de Nuit, parmi lesquelles on distingue celles à odeur,
dont les fleurs sont blanches, rouges ou panachées.

BENOITE. On connaît trois espèces de *Benoîtes*, qui sont
vivaces, et se propagent par les graines aussitôt leur maturité, ou par l'éclat des racines au mois d'octobre. — BENOÎTE
DE MONTAGNE, *Arnique*. Fleurs solitaires, d'un beau jaune.
Tiges recourbées à leurs extrémités. — BENOÎTE PENCHÉE. Dont
les fleurs sont plus petites. — BENOÎTE DES RUISSEAUX. Fleurs
rougeâtres ou blanches. — Ces plantes demandent toutes une
situation un peu ombragée et fraîche.

BÉTOINE. Plante vivace et de pleine terre, dont les tiges, d'environ 67 centimètres, sont carrées et velues comme les feuilles. Grandes fleurs d'un beau rose en épi. Multiplication par l'éclat des racines au mois d'octobre, ou de semis au printemps sur une plate-bande de terre légère.

BIGNONE. Plante sarmenteuse, dont il existe un grand nombre de variétés. C'est un des plus riches végétaux d'ornement. La *Bignone grimpante,* ou *Jasmin de Virginie,* brave l'hiver en tapissant les murailles. La *Bignone à vrilles* et la *Bignone toujours verte* exigent l'exposition du midi et des précautions contre les grands froids. Ces plantes se multiplient de marcottes, d'éclats de pieds, ou de boutures faites sur couche avec du bois de deux ans. On les multiplie aussi, mais plus lentement, de semis sur couche chaude aussitôt après la maturité. Plusieurs espèces, telles que la *Bignone de la Chine,* la *Bignone Pandore,* la *Bignone à 5 feuilles,* veulent la serre chaude ou l'orangerie. La *Bignone catalpa* est un bel arbre de 8 à 10 mètres, qui donne de magnifiques girandoles de fleurs blanches teintées de jaune et de rouge. Se multiplie de semis à bonne exposition au printemps ou à l'automne, ou bien de marcottes et de boutures. Pleine terre franche légère; un peu d'humidité. Précautions contre les froids.

BOUTON D'OR DES JARDINS. Renoncule rampante, Bassinet. Cette plante offre deux variétés, une à fleurs simples qui croît naturellement dans les prés, et une à fleurs doubles, la seule admise dans nos jardins, où il est très-facile de la multiplier par ses filets, traçant et s'enracinant comme ceux des *Fraisiers.* Ses fleurs, qui paraissent en mai, sont d'un beau jaune luisant. — Les propriétés délétères de cette plante sont incontestables, aussi ne s'en sert-on en médecine qu'à l'extérieur et très-rarement. Elle agit à la manière des cantharides, mais avec plus de rapidité et d'intensité. La Renoncule des marais est plus virulente encore.

BRUNELLE A GRANDES FLEURS. Plante vivace assez belle, dont la tige carrée est terminée, en juillet, par un épi de fleurs blanches, pourpres, roses ou bleues. Éclat des racines en automne, ou semis au printemps. Soleil et bonne terre. — Brunelle odorante. Cette espèce, annuelle, s'élève moins que l'autre. Ses fleurs violettes et en épis sont velues et odorantes.

BRUYÈRE. Très-petit arbuste toujours vert, dont on compte plus de trois cents espèces qui fleurissent en différents temps de l'année, et se multiplient toutes de boutures, de marcottes ou de semis aussitôt la maturité des graines, dans des terrines en terre de bruyère douce et bien ameublie.

BRYONE ou Couleuvrée. Cette plante offre plusieurs espèces dont les racines sont semblables aux *Navets*. Les tiges, qui s'élèvent à près de 2 mètres 66 centimètres, s'attachent aux treillages au moyen de vrilles qui poussent dans les aisselles. Elles fleurissent une partie de l'été, et produisent des fruits de la grosseur d'un pois, *rouges* ou *noirs*.—La *Bryone d'Abyssinie* demande, pour l'hiver, une orangerie sèche. Elles se multiplient toutes de graines et de tubercules en terre ordinaire. Soleil et eau l'été.

BUGRANDE, Arrête-boeuf, Aspic des moissons. Il existe plusieurs espèces de cette plante, qui n'est pas difficile sur le choix du terrain et s'accommode mieux de la sécheresse que de l'humidité. Jolies fleurs purpurines. Elle aime le soleil et est annuelle.

Bugrande très-élevée. Vivace et rustique. Fleurs assez semblables à celles de la précédente. Multiplication, au printemps, de semences, de marcottes ou de pieds éclatés.

Bugrande frutescente. Petit arbuste dont les fleurs roses, en grappes, paraissent fin du printemps. Il en existe à fleurs blanches. Toutes deux se multiplient comme les précédentes.

BUIS. Arbrisseau en buisson touffu dont les feuilles, persistantes, sont petites, lisses et luisantes : il vient partout. L'usage de son bois dur et d'un grain très-fin est généralement connu. Cette espèce offre deux variétés à *feuilles panachées* de *jaune* et de *blanc*.

Buis nain. Propre aux bordures des plates-bandes. Tous deux se multiplient par le semis aussitôt la maturité des graines, ou par l'éclat des pieds au printemps.

BUPLÈVRE. Oreille de lièvre. Arbrisseau toujours vert et très-branchu, qui se multiplie, en mars ou en avril, de semences, de marcottes et de pieds éclatés. Feuilles entières, oblongues et d'une odeur agréable. Petites fleurs jaunes, qui attirent les guêpes et paraissent de juin en août. Terre humide; ombre; couverture l'hiver.

BUISSON ARDENT ou Néflier pyracanthe. Arbrisseau de moyenne grandeur, touffu et armé de fortes épines. Feuilles d'un beau vert luisant et persistantes en partie. Fleurs assez semblables à celles de l'*aubépine*, qui donnent, pendant presque tout l'hiver, des bouquets de fruits nombreux d'un beau rouge-feu, d'où vient à ce *néflier* le nom de *buisson ardent*. Semences, marcottes ou boutures au printemps. Terre ordinaire.

BUTOME, Jonc fleuri. Jolie plante, donnant en juillet des ombelles de fleurs rouges; se multiplie de semences et de racines. Pleine terre humide ou marécageuse. Il existe une variété à feuilles panachées.

CACALIE. Plante dont il existe plusieurs espèces, se multipliant d'œilletons ou de semences sur couche et repiquées en place; toutes terres et toutes expositions leur conviennent.

Cacalie 'a fleurs de Laitron. Très-jolies fleurs d'un beau rouge-orangé, qui paraissent en juin et juillet.

Cacalie odorante. Fleurs blanches. Feuilles rudes au toucher comme celle du *tussilage*.

Cacalie de la Nouvelle-Hollande. Dont les feuilles froissées répandent l'odeur d'*anis*. Fleurs jaunes en septembre. Elle est d'orangerie.

CACTIER, Figue d'Inde, Semelle du Pape, Cierge épineux, Cierge du Pérou, Épiphille, etc. Plante vivace, dont il existe un grand nombre d'espèces de serre chaude et d'orangerie.

Cactier épineux, *Cierge du Pérou*. Tige droite, très-élevée, à angles obtus armés d'épines brunes.

Cactier a grandes fleurs, *Grand Cierge serpentaire*. Tige cylindrique d'environ 1mètre 33 centimètres; côtes peu saillantes, aplaties et épineuses. Fleurs remarquables par leur grand nombre d'étamines.

Cactier serpentaire, *Queue de Souris*. Jets cylindriques

charnus, très-épineux, flexibles et tombants. Fleurs d'un beau rouge. Étamines blanches.

Cactier a mamelons, cactier mélocacte ou *melon épineux*, cactier couronné, Cactier élégant, etc. Toutes ces plantes grasses se multiplient de semences, mais beaucoup mieux par les mamelons, qu'il est bon de laisser faner avant de les planter. Peu d'arrosements, surtout l'hiver. Terre franche et douce.

CALYCANTHE DE LA CAROLINE, Arbre aux anémones. Arbrisseau d'environ 2 mètres 65 centimètres, dont le bois aromatique est recouvert d'une écorce brune. Belles fleurs brun-pourpre velouté et à odeur très-agréable, en mai et juin. Se multiplie de graines, marcottes ou boutures. Pleine terre légère ou de bruyère fraîche, un peu ombragée et plus humide que sèche. Le *calycanthe nain* et le *calycanthe précoce* diffèrent peu du premier et se cultivent de même.

CAMÉLÉE. Arbrisseau dont les amateurs cultivent deux espèces : la Camélée pulvérulente et celle a trois coques, surnommée *garoupe* et *olivier nain*. La tige de la première est droite et cylindrique et son écorce jaune ; ses feuilles sont entières et couvertes d'une poussière gris-cendré. Petites fleurs jaunes. Le feuillage de la deuxième est persistant, et ses rameaux sont nombreux, droits et verdâtres. Les fleurs, qui paraissent en été, sont jaunes, solitaires, et souvent deux ou trois réunies. Ces deux arbustes peuvent se multiplier de boutures, ou de semis, sur couche au printemps : ils demandent l'orangerie l'hiver. Ceux risqués en pleine terre doivent être employés avec soin. Pour tous deux, il faut une terre légère ou de bruyère, et un peu d'ombre.

CAMÉLIA , Rose du Japon. Très-joli arbrisseau, *toujours vert*. Feuilles pointues, dentées, lisses et coriaces. Les fleurs, qui se montrent de février en mai, sont grandes, placées à l'extrémité des tiges, simples, et d'un beau rouge éclatant. Multiplication par la greffe, les marcottes ou le semis sur couche chaude, aussitôt la maturité des graines. Terre franche et légère, mélangée à celle de bruyère. Bonne exposition; eau l'été ; orangerie l'hiver.

Le *camélia* offre un assez grand nombre de variétés plus ou moins jolies. Voici les principales :

Fleurs blanches, fleurs écarlates, grandes et très-doubles; *fleurs petites* et *rose tendre, fleurs odorantes* et *blanches*; ce dernier se nomme *camélia pompon*. Celui à *feuilles de myrte* donne des fleurs grandes, doubles et rouge vif.

CAMOMILLE ROMAINE. Plante vivace et aromatique, dont on ne cultive que la variété à fleurs doubles et blanches, qui paraissent une partie de l'été.

CAMOMILLE ou *Anthémis des teinturiers*. Grandes fleurs jaunes.

CAMOMILLE PYRÉTHRE. Plus jolie que les deux premières, mais craignant la gelée. Fleurs rayonnées, blanches dessus et roses dessous.

Ces trois camomilles et plusieurs autres produisent dans les jardins un assez bon effet. Elles se multiplient par l'éclat des pieds au printemps, ou par le semis des graines de fleurs simples.

CAMPANULE DES JARDINS. Jolie plante vivace, dont les feuilles ressemblent à celles du *pêcher*. Tiges de moins de 66 centimètres. Fleurs en cloches, blanches ou bleues, simples ou doubles.

CAMPANULE, *Pyramidale des jardiniers*. Celle-ci, bisannuelle, s'élève à près d'un mètre 65 centimètres. Fleurs qui durent tout l'été, blanches ou d'un beau bleu.

CAMPANULE A GROSSES FLEURS, *Violette marine des jardiniers, Gobelet de la Chine*. Bisannuelle comme la précédente. Fleurs, de juin en septembre, grandes, bleues, violettes ou blanches.

CAMPANULE DOUCETTE. *Miroir de Vénus*. Plante basse. Feuilles petites, ovales et dentées; fleurs solitaires, nombreuses, rouges ou bleues. Elle peut se manger en salade comme la *raiponce*.

CAMPANULE DORÉE. Vivace, et d'orangerie l'hiver. Feuilles longues, aiguës, dentées, pendantes, et d'un beau vert. Jolies fleurs jaune doré.

Ces *cinq campanules*, et beaucoup d'autres, se multiplient

par l'éclat des pieds au printemps, ou par le semis aussitôt la maturité des graines.

CAPUCINE a fleurs douces. C'est une variété de la *capucine simple;* elle se multiplie de boutures, demande une terre franche légère, beaucoup d'eau l'été; l'hiver, l'orangerie près des vitrages.

CARMANTINE. Jolie plante en buisson, à belles fleurs écarlates. Elle se multiplie de marcottes ou de boutures sur couche et sous cloches ou châssis au printemps. Elle demande la même terre et les mêmes soins que la précédente. Il existe plusieurs espèces, dont une *à fleurs jaunes.*

CARTHAME bleu. Espèce de chardon donnant de belles fleurs bleues. Toutes terres et toutes expositions. Multiplication de graines et de racines. Couverture l'hiver.

CÉLASTRE. Plante sarmenteuse dont il existe plusieurs espèces. Voici les principales :

CÉLASTRE multiflore. Tiges droites et épineuses. Fleurs petites et blanches.

CÉLASTRE DE VIRGINIE, *Fusain bâtard.* Feuilles ovales, fleurs blanches, fruit d'un très-beau rouge.

CÉLASTRE GRIMPANT, *Bourreau des arbres.* Il est sarmenteux, comme le précédent, et fait souvent périr les arbres autour desquels il se tortille. Feuilles lisses et pointues; fruits rouges. Tous les célastres se multiplient par le semis sur couche au printemps, les marcottes et les boutures à la même époque.

CÉLOSIE, Amarante des jardiniers, Crète de coq, Passe-Velours. Plante annuelle, qui s'élève au plus à 66 centimètres; feuilles larges et ovales; fleurs très-petites et disposées de manière à ressembler à des crêtes de coq par la forme et la couleur. Les graines doivent être semées sur couche chaude, et le plant repiqué encore sur couche et dans des pots, pour n'être mis en place qu'au milieu de l'été dans une terre substantielle et à bonne exposition.

La *célosie* offre plusieurs variétés assez jolies.

CENTAURÉE. Plante dont il existe plusieurs espèces, notamment les suivantes :

CENTAURÉE-BLUET, *Percette, Casse-Lunettes, Barbeau des*

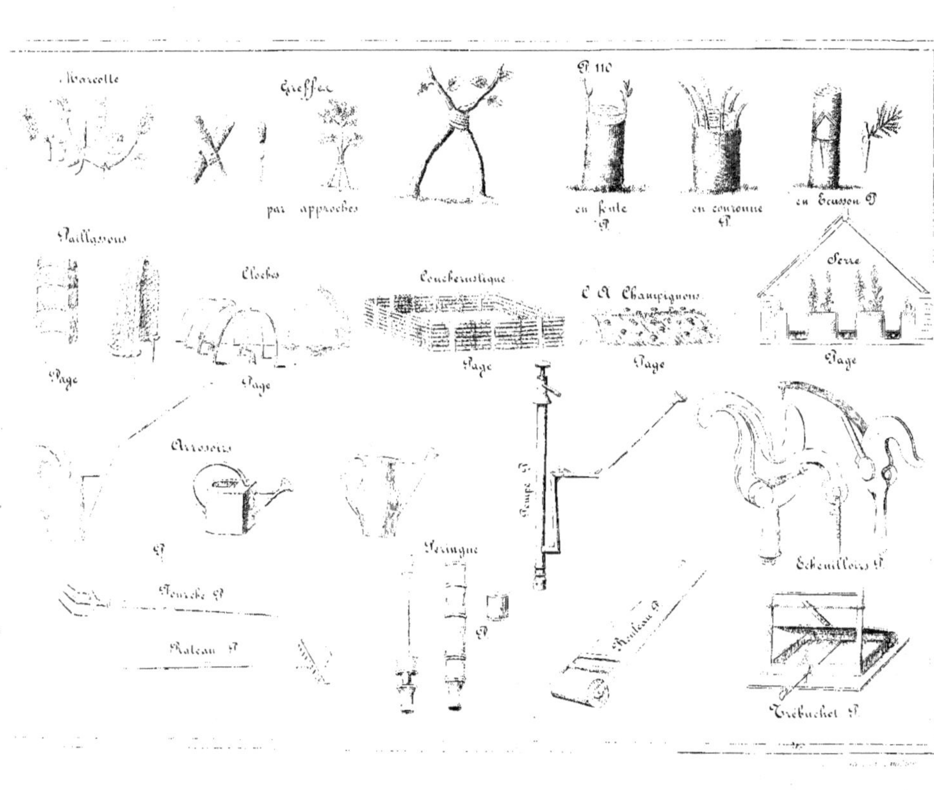
Marcotte
Greffes
par approches
Pl 110
en fente
en couronne
en écusson
Paillassons
Cloches
Couche rustique
Champignons
Serre
Page
Page
Page
Page
Page
Arrosoir
Seringue
Fourche
Râteau
Rouleau
Pompe
Échenilloirs
Trébuchet

blés. Tout le monde connaît cette plante, qui vient naturellement dans les blés et dont le semis a donné des variétés de diverses couleurs.

Centaurée odorante, *Barbeau jaune,* de juillet en octobre. Grosses feuilles jaunes.

Centaurée musquée, *Bluet du Levant.* Fleurs blanches ou roses à odeur de musc. — Ces trois *centaurées* sont annuelles, et se multiplient par semences, en automne et au printemps, en terre légère. — On cultive encore d'autres espèces qui sont vivaces, et se propagent de boutures ou par l'éclat des pieds. Voici le nom des principales :

Centaurée jacée, *Herbe du Centaure.* Feuilles velues; fleurs blanches ou violettes.

Centaurée jacée des montagnes. *Barbeau vivace des jardiniers.* Fleurs grandes, d'un bleu violet.

Centaurée cinéraire. Fleurs purpurines.

Centaurée argentée. Feuilles dentées; fleurs jaunes glacées de blanc.

CERISIER. Nous avons décrit les espèces comestibles de ce bel arbre; il nous reste à parler des variétés d'ornement. Le *cerisier à fleurs doubles,* donnant en avril de belles fleurs blanches, et le *cerisier à fleurs semi-doubles,* se greffent sur le merisier et le cerisier de Sainte-Lucie. Le *merisier* est aussi un bel arbre d'ornement. Le *merisier à fleurs doubles,* qui se greffe sur le merisier ordinaire et prend aussi le nom de *renonculier,* produit en mai des fleurs magnifiques. Le *cerisier à feuilles de pêcher* se cultive comme le merisier et se multiplie de semis et de greffe. Le *cerisier odorant,* ou *mahaleb,* ou *arbre de Sainte-Lucie,* se multiplie de graines ou de marcottes, et peut servir de sujet pour les cerisiers et les merisiers. Une feuille verte ou deux feuilles sèches, mises dans une perdrix à la broche, lui donnent un excellent fumet. Ces feuilles communiquent aussi au lapin commun la saveur du lapin de garenne. Il existe beaucoup d'autres variétés de cerisier d'ornement. Leurs fruits sont généralement aigres ou fades et peu agréables. Avec ceux du merisier on fabrique diverses liqueurs, notamment du kirsch. Le *laurier-cerise,* ou *laurier-amandier,* ou *laurier au lait,* se multi-

3.

plic de graines ou de marcottes, en toute terre et à toute exposition. On se sert de sa feuille pour aromatiser le lait bouilli : c'est une grave imprudence. Une feuille ou deux, bouillies dans un litre de lait, lui donnent un parfum d'amande ; avec une plus grande quantité, le lait devient un poison plus ou moins violent, suivant la dose. En effet, cet arbrisseau donne de l'acide prussique.

CHEVREFEUILLE. Le chèvrefeuille est un arbrisseau à tiges sarmenteuses et grimpantes. Celui qui est cultivé dans les jardins diffère peu de celui des haies. Les fleurs ne sont pas aussi foncées. Ces deux espèces produisent un grand nombre de variétés. Le chèvrefeuille se multiplie de marcottes ou de pieds enracinés, et s'accommode de tous terrains ; mais il préfère la bonne terre un peu humide.

CHRYSANTHÈME des jardins. Plante qui se sème au printemps, en terre franche et légère. Fleurs une grande partie de l'été, jaunes, blanches, simples ou doubles. Le *chrysanthème caréné*, le *chrysanthème frutescent* et le *chrysanthème à grandes fleurs* se cultivent de même.

CITRONNIER. Ce bel arbre est un des plus précieux ornements des jardins. Il en existe un grand nombre de variétés. La culture est celle des orangers.

CLÉMATITE. Arbrisseau sarmenteux dont il existe huit à dix espèces, parmi lesquelles on distingue les suivantes :

Clématite a fleurs bleues, pourpres ou violettes, qui paraissent tout l'été. Variété à fleurs doubles très-jolies, que l'on greffe en fente sur la simple, ou dont on fait des marcottes.

Clématite de Virginie. Feuilles en cœur ; fleurs blanches, légèrement odorantes et en épis lâches.

Clématite odorante. Tiges menues ; feuillage léger et d'un vert gai ; fleurs fin de l'été, à l'extrémité des branches, nombreuses, très-odorantes, grandes et blanches. On fait avec cette espèce des berceaux charmants ; aussi est-elle surnommée *berceau de la Vierge*. Les trois clématites dont on vient de parler peuvent se multiplier par l'éclat des pieds ou racines, ou par les semis, aussitôt la maturité des graines.

COIGNASSIER ou Cydonie de la Chine. Arbrisseau donnant

en mai des fleurs roses, grandes, à odeur de violette. Multiplication de graines ou de greffes sur coignassier ordinaire et poirier, ou de marcottes ou de drageons, s'ils sont francs.

Coignassier ou Cydonie de Portugal. Grandes fleurs blanches au printemps ; fruits dorés à l'automne. Même culture et multiplication.

Coignassier ou Choenomèle du Japon. Arbrisseau tortueux, épineux, donnant en avril et mai des groupes de belles fleurs rouges. Terre de bruyère demi-ombragée ; se multiplie de couchages et de boutures de racines.

COLCHIQUE D'AUTOMNE, Tue-chien, Safran d'été. Cette plante vénéneuse contient une fécule qui, séparée par des lavages du principe âcre auquel elle est unie, peut être employée comme la fécule de *pomme de terre*. Le *colchique* est un petit *oignon* allongé que l'on trouve dans les prés. Il donne, en septembre, des fleurs d'un beau rose, assez semblables à celles du *crocus*. Les amateurs cultivent plusieurs autres variétés de *colchiques*, qui demandent l'orangerie.

COQUELOURDE. Plante vivace qui ne s'élève pas au-delà de 66 centimètres, et dont les tiges, comme les feuilles, sont velues et blanchâtres. Fleurs tout l'été ; semis sur couche en automne ; œilletons à la même époque.

Coquelourde, *Fleur de Jupiter*. Assez semblable à la précédente. Fleurs rouges en juillet ; éclats des pieds au printemps.

Coquelourde, *Rose du ciel*. Tiges plus basses et moins cotonneuses que celles des deux autres. Fleurs d'un beau rose en été ; elle est annuelle et se sème sur couche, en mars ou avril.

Les *coquelourdes* aiment une terre sèche et chaude.

CORNOUILLER. On connaît plusieurs espèces de cet arbrisseau, dont deux sont indigènes et les autres originaires de l'Amérique. Toutes se multiplient par le semis, la greffe, les marcottes et les boutures.

Cornouiller male. Feuilles ovales ; petites fleurs jaunes qui se montrent l'hiver ; fruits rouges. Il offre une variété panachée de même que le suivant.

Cornouiller sanguin. Ainsi nommé parce que ses rameaux,

longs et flexibles, sont d'un très-beau rouge. Fleurs blanches en ombelles qui paraissent l'été ; baies d'un rouge-noir.

CORNOUILLER BLANC. Fruits rouges en grappes.

CORNOUILLER A FRUITS BLEU CÉLESTE.

CORNOUILLER A GRANDES FLEURS. Ses fruits, rouges et en grappes, restent sur l'arbre tout l'hiver.

CORNOUILLER DE VIRGINIE. Fleurs jaunes ; fruits rouges.

Les *cornouillers* biens mûrs sont assez agréables à manger, quoique un peu aigres.

CORONILLE DES JARDINS, SÉNÉ BATARD. Très-bel arbrisseau qui résiste à la rigueur des hivers, et réussit dans presque tous les terrains. Tige anguleuse de 1 mètre 33 centimètres ; petites feuilles en cœur ; fleurs jaunes marquées de rouge. Multiplication : drageons, boutures, marcottes, ou graines semées sur couche au printemps.

CRÉPIDE. Plante annuelle dont il existe deux espèces, qui se sèment en place de mars en juin, en toutes sortes de terres et d'expositions..

CRÉPIDE ROSE. Tiges nues d'environ 33 centimètres. Fleurs roses.

CRÉPIDE ROUGE OU BARKHAUSIE. Fleurs d'un rouge terne.

CROIX-DE-JÉRUSALEM, LYCHNIDE DE CALCÉDOINE. Plante vivace dont les tiges s'élèvent à environ 97 centimètres. Fleurs blanches, roses ou rouge vif à l'extrémité des branches, simples ou doubles. Semences au printemps, boutures en été, éclats des pieds en octobre ou février. Bonne terre et mi-soleil.

CYNOGLOSSE PRINTANIÈRE, PETITE CONSOUDE. Plante vivace ; fleurs bleues, petites et en épis droits. Multiplication par le semis, les traces et les pieds éclatés. Terre un peu fraîche et mi-soleil.

CYPRÈS. Grand arbre résineux d'un vert foncé. Il se multiplie de graines semées, au printemps, dans des caisses remplies de terre de bruyère et placées sur couche.

CYTYSE DES ALPES, FAUX ÉBÉNIER. Feuillage argenté dessous ; fleurs jaunes en grappes, qui paraissent fin du printemps. Variété à feuilles panachées ; une autre, connue sous le nom d'*ébénier odorant*. Les *cytises* se greffent les uns sur les autres. Ils peuvent encore se multiplier par semences, marcottes, rejetons ou couchage, en terrain sec et un peu ombragé.

DAHLIA. Plante à racines vivaces; fleurs pourpres, rouges, violettes et roses, qui paraissent depuis le commencement d'août jusqu'à la fin d'octobre. Terre légère et exposition chaude; elle peut être semée, au printemps, sur couche, ou multipliée par des pousses détachées des racines qui, étant couvertes de litière, passent l'hiver dans les terrains secs. Il en existe des doubles, que l'on tient ordinairement en pots. Cette magnifique plante fait, pendant 4 mois, l'ornement des jardins. On en a des variétés doubles, très-doubles, panachées, à pétales roulés en cornet ou en tuyau; de toutes les nuances, du blanc, du rouge et du jaune, soit pures, soit mélangées. Tous les ans, dans les nombreux semis qui se font, on obtient de nouveaux dahlias, surpassant en beauté les précédents.

DALEA. Plante vivace à fleurs d'un beau rouge pourpre, et paraissant fin de l'été. Semer sur couche au printemps, et placer ensuite dans une bonne terre, à belle exposition.

DAPHNÉ, Bois joli, Bois gentil, Mézéréon. Arbuste de 80 centimètres à 1 mètre produisant de décembre à février de jolies fleurs violettes ou blanches. Multiplication de graines dans un terrain demi-ombragé. On en compte un grand nombre d'espèces, telles que le *daphné lauréole*, à fleurs jaunes verdâtres, de janvier en mars; le *daphné cneorum* ou *thymélé* des Alpes, très-rustique, formant un buisson rampant, fleurs pourpres, de mars en avril; le *daphné thymélé* à fleurs d'un blanc jaunâtre, d'avril en mai; le *daphné des Alpes* à fleurs blanches odorantes, de mai en juin; le *daphné paniculé*, ou *garou*, ou *sainbois*, qui est d'orangerie et donne de juin en juillet de petites fleurs rouges à l'intérieur et blanches à l'extérieur; le *daphné de Pont*, le *daphné odorant*, le *daphné des collines*, etc. Outre le semis, les daphnés se multiplient par marcottes au printemps pour lever l'année suivante ou par greffe sur les daphnés lauréole et mézéreon.

DATURA, Stramoine fastueuse, Pomme épineuse. Plante à fleurs doubles, blanches, emboîtées l'une dans l'autre. Semis en avril, pleine terre, exposition chaude, fréquents arrosements l'été. Terre légère, mélangée de terreau bien consommé.

DATURA EN ARBRE, STRAMOINE EN ARBRE, TROMPETTE DU JUGEMENT DERNIER, BRUGMANSIE. Arbrisseau de 1 mètre 50 centimètres à 3 mètres 50 centimètres donnant au printemps et à l'automne des fleurs blanches gigantesques en forme de tube très-odorantes. Serre tempérée. Multiplication de boutures; semences sur couche et sous châssis.

DATURA ou BRUGMANSIE BICOLORE. Taille du précédent arbrisseau; fleur verte à la base, jaune au milieu et rouge vers le haut. Culture du datura en arbre.

DIGITALE AMBIGUE. Plante donnant en juillet de grandes fleurs jaunes, tachetées de rouge. Se multiplie d'œilletons en automne et de semences à la maturité. Terre franche, légère et fraîche. La *digitale pourprée*, la *digitale dorée*, la *digitale obscure*, la *digitale des Canaries*, etc., se cultivent de même.

DRACOCÉPHALE d'AUTRICHE. On la sème en place au printemps. Les fleurs sont blanches, bleues ou pourprées, et un peu odorantes. Toutes fleurissent de juillet en août.

ECHINOPE, BOULETTE AZURÉE. Plante bis annuelle, un peu semblable au *chardon*. Les fleurs d'un très-beau bleu; soleil en plein air; semences au printemps; fleurs la deuxième année.

ELLEBORE d'HIVER. Plante vivace, fleur jaune et légèrement odorante. — ELLÉBORE NOIR, ROSE DE NOEL, HERBE DE GRUE. Plante vivace; fleurs d'un blanc-purpurin, qui finissent par devenir vertes; elles se montrent dès le mois de décembre. Les ellébores se perpétuent par l'éclat des racines en automne.

ÉNOTHÈRE A GRANDES FLEURS, ONAGRE, HERBE AUX ANES. Plante annuelle et plus souvent bisannuelle; fleur d'un beau jaune et d'une odeur très-pénétrante. Bonne terre; semis au printemps.

EPERVIÈRE ORANGÉE. Assez jolie plante vivace qu'on peut multiplier d'œilletons ou de graines au printemps; fleurs d'un jaune-capucine éclatant. Bonne terre un peu humide; couverture pendant les fortes gelées.

ÉPHÉMÈRE DE VIRGINIE. Plante vivace; fleurs qui se succèdent pendant une partie de l'été, d'un bleu violet, purpurines ou blanches selon la variété. Terre légère et fraîche. Se multiplie de racines.

EPILOBE A ÉPI, LAURIER SAINT-ANTOINE, OSIER FLEURI. Plante vivace; fleurs rouge purpurin, en épi à l'extrémité des tiges, de 1 mètre 30 centimètres, et de même couleur. Nombreux rejetons qui servent à la propagation, de même que les semences et l'éclat des racines au printemps.

EPIMÉDE DES ALPES, CHAPEAU D'ÉVÊQUE. Plante vivace. Fleurs rougeâtres et jaunes. Terre ordinaire; mi-soleil; éclat des pieds en automne.

EPINE-VINETTE. Fleurs nombreuses et jaunes; fruits d'un beau rouge. Multiplication de graines, rejetons, boutures et marcottes.

ERABLE COMMUN OU CHAMPÊTRE. Plus ordinairement arbrisseau qu'arbre; se multiplie de marcottes ou de greffes sur le sycomore.

EUPATOIRE A FEUILLES DE CHANVRE, EUPATOIRE POURPRE. Hauteur de 1 mètre à 1 mètre 30 centimètres. Petites fleurs rouges d'août en octobre. Se multiplie de racines. Il en existe de nombreuses variétés.

EUPHORBE MELLIFÈRE. Arbrisseau donnant en juin ou juillet de nombreuses fleurs brunes.

EUPHORBE PONCEAU. Fleurs d'un beau rouge, en janvier.

Tous deux sont de serre chaude; se multiplient de drageons, boutures et semis sur couche. Terre franche, légère; fréquents arrosements en été.

FICOIDE ou MESEMBRIANTHÈME. Plante dont il existe un grand nombre de variétés, qui toutes se multiplient de boutures en juin sur couche tiède. On en met quatre ou cinq dans le même pot, et on ne les sépare qu'au printemps suivant. Serre tempérée. Toutes ces plantes donnent de belles fleurs de couleurs variées.

FIGUIER A GRANDES FEUILLES. Il demande une terre légère, l'exposition au midi. Se multiplie de marcottes ou boutures coupées deux ou trois jours à l'avance et faites en pots sur couche chaude; serre chaude. Les amateurs cultivent encore plusieurs espèces de figuiers d'ornement, qui tous sont de serre chaude.

FRAXINELLE ou Dictame blanc. Fleurs blanches ou pourpre-violet, selon la variété, produisant de l'effet. Exposition chaude, terre substantielle et fraîche; éclats de racine en automne. On sème aussitôt la maturité des graines. Le plant ne se met en place que la deuxième année.

FRITILLAIRE, Couronne impériale. Fleurs rouge safran, répandant une mauvaise odeur; se multipliant de caïeux en juillet et août, époque à laquelle l'*oignon* principal doit être relevé et nettoyé tous les trois ou quatre ans.

FUCHSIA. Arbuste d'orangerie ou de serre tempérée, qui se multiplie de semences sur couche et sous cloche, de boutures ou de rejetons. Petites feuilles persistantes. Jolies fleurs de différentes couleurs selon les variétés, qui sont en grand nombre.

FUMETERRE bulbeuse. Jolies grappes de fleurs blanches, pourpres ou grises, en avril. Cette plante et ses variétés, telles que la *fumeterre à grandes fleurs*, la *fumeterre jaune*, la *fumeterre odorante, etc.*, se multiplient de séparation des pieds et semis. Toutes terres et toutes expositions.

FUSAIN d'Europe, Bonnet carré, Bonnet de prêtre. Arbrisseau d'un charmant effet dans les bosquets par son port gracieux et ses petites fleurs, qui deviennent de jolis fruits rouges. Multiplication de drageons, marcottes et semences. Plusieurs autres fusains se multiplient de même. Tous terrains et toutes expositions. Le *fusain d'Amérique*, qui est toujours vert, demande une meilleure exposition.

GAINIER COMMUN, Arbre de Judas. Fleurs, avant les feuilles, rouges ou roses, qui paraissent en bouquets semés sur tout le corps de l'arbre et sur les branches. Semis, drageons ou marcottes. On en fait de jolis buissons.

GALÉGA ou Rue-de-chèvre. Plante vivace, à fleurs blanches et bleues, en épis, qui fleurissent aux mois de juillet et d'août; terrain gras et humide; elle se multiplie de graines semées au printemps, mais plus promptement de pieds éclatés.

GENET d'Espagne. Cet arbrisseau produit de jolies fleurs jaunes, en grappes le long des rameaux et très-odorantes. Il se multiplie de graines semées au printemps en place et mieux en pots.

GENÉVRIER commun. Arbrisseau connu, toujours vert et épineux; il aime les terres pierreuses et les montagnes. Il existe un grand nombre de variétés de genévriers. Elles se multiplient de graines mûres en terre de bruyère à bonne exposition et à semi-soleil. Terre légère et sablonneuse. On les multiplie aussi par boutures que l'on transplante l'année suivante.

GENTIANE (petite), Violette d'automne. Plante vivace et très-basse. Fleurs solitaires, en cloche et d'un très-beau bleu. Multiplication par les drageons séparés en automne, ou par le semis aussitôt la maturité des graines, en terre légère ou de bruyère souvent arrosée.

GÉRANIUM, Bec-de-grue. Plante vivace dont les tiges s'élèvent de 32 centimètres à 3 mètres 25 centimètres, et produisent beaucoup de branches qui se rangent mal. Fleurs rouge plus ou moins foncé, violettes ou blanches. Elle se multiplie de graines semées sur couche, et de boutures au printemps.

GERMANDRÉE, Chamadis en arbre. Arbuste toujours vert, de 65 à 97 centimètres, remarquable par son feuillage luisant. Fleurs sans apparence, d'un blanc sale. Il se multiplie de graines semées en mars, de boutures au printemps, et de drageons enracinés à cette époque ou en septembre.

GESSE à larges feuilles, Pois vivace ou de la Chine. Plante à racine vivace, dont les tiges, de 1 mètre 30 à 1 mètre 62 centimètres, sont grimpantes, les feuilles allongées et pointues, et les fleurs grandes, en grappes, d'un beau rouge. Se multiplie de séparation de pieds et de semis. Les fleurs ne paraissent que deux ou trois ans après le semis, qu'il faut faire en place au printemps.

GIROFLÉE jaune des murailles, Volier, Ravenelle, Muret. Cette plante offre les variétés suivantes : celle à grandes fleurs, simples et semi-doubles, d'un très-beau jaune ou panachées rouge pourpre, et celle à fleurs doubles, surnommée *rameau*, *baguette* ou *bâton d'or*. La simple et la semi-double se multiplient de graines semées de mars en août sur couche ou dans un terrain bien léger et bien exposé. La propagation des doubles a lieu tout l'été, par boutures faites de branches nouvelles dans une bonne terre, à l'ombre, avec arrosements pendant une quinzaine, après lequel temps elles peuvent être exposées peu à peu au soleil. Fin de décembre la reprise est assurée, alors on peut les mettre en place ou dans des pots pour les rentrer l'hiver en orangerie.

Giroflée des jardins. Cette plante, bisannuelle ou trisannuelle, fait un des plus beaux ornements de nos jardins par la variété de ses fleurs et sa bonne odeur. On la sème, en mars, sur couche ou en pleine terre bien terreautée. Le plant, assez fort, se met en pépinière jusque vers la fin de l'été, époque à laquelle il est facile de reconnaître les plantes à leurs fleurs doubles dont le bouton est plus arrondi que celui de la simple, et ne croque pas sous la dent comme ce dernier. Les fleurs de cette giroflée ne se montrent qu'un an ou quinze mois après le semis ; elles sont rouges, violettes, couleur de chair, panachées ou blanches. Cette dernière demande plus de soins que les autres.

Giroflée-quarantaine ou Quarantain. Cette espèce, annuelle, ressemble beaucoup à la précédente, mais elle est plus petite. On lui connaît plusieurs variétés, dont la plus belle est la *quarantaine royale*, peu rameuse, rouge couleur de chair, blanche ou violette. Semés au printemps, les *quarantains* donnent leurs fleurs trois mois après.

Giroflée grecque. Elle ne diffère des précédentes que par son feuillage d'un vert plus foncé.

Giroflée cocardeau, Senestrelle, ou seulement Cocardeau. Fleurs doubles, grandes, rouges, en une seule grappe serrée.

GLAIEUL. Plante bulbeuse dont on connaît plus de vingt espèces ou de variétés, demandant une culture entendue et soignée. Les caïeux, relevés en juillet, se plantent, à l'automne, dans une terre légère non fumée.

GOMPHRENE, Amaranthine, Immortelle violette. Plante annuelle, que l'on sème sur couche en avril pour mettre ensuite à bonne exposition. Fleurs rouge-violet ou blanc.

GRENADIER. Grand arbrisseau qui, dans le midi de la

France, peut demeurer en pleine terre, au pied d'un mur, à
bonne exposition, en ayant soin de le couvrir pendant les
froids : il est plus souvent cultivé en caisse qu'autrement.
Rameaux nombreux; petites feuilles lancéolées et pointues
aux deux extrémités, lisses et rougeâtres sur les bords; fleurs
simples, d'un rouge ponceau très-éclatant, auxquelles succèdent de gros fruits recouverts d'une peau très-épaisse et renfermant une pulpe colorée et succulente.

GRENADIER A FLEURS DOUBLES. Cette espèce est une variété
de la précédente. Ses fleurs, plus ou moins doubles et grandes,
produisent un effet charmant. Pour en obtenir davantage, il
faut pincer l'extrémité des rameaux. Les curieux cultivent
encore :

Le GRENADIER A FLEURS BLANCHES DOUBLES,

Le GRENADIER A FLEURS JAUNES DOUBLES,

Et le GRENADIER NAIN D'AMÉRIQUE, dont les fleurs sont simples, mais beaucoup plus nombreuses que les doubles. Il faut
au grenadier une terre légère et bien terreautée, le soleil et
de fréquents arrosements l'été; il demande à être rentré
l'hiver dans l'orangerie; tous se multiplient de boutures,
marcottes et drageons enracinés, ou par la greffe sur le franc.

GRENADILLE BLEUE ; FLEUR DE LA PASSION. Arbrisseau
sarmenteux et grimpant. Feuilles palmées, pointues et unies
sur les bords; fleurs solitaires, grandes, et dans lesquelles on
croit apercevoir une partie des instruments de la Passion.
Elles se passent en vingt-quatre heures ; mais l'arbrisseau en
donne beaucoup pendant l'été, si on a soin de l'arroser. Il demande une bonne terre, l'exposition la plus chaude et de
bons abris l'hiver. Il vaut mieux l'élever en serre tempérée
et chaude.

GUEULE-DE-LION ou DE LOUP, MUFLIER. Plante vivace,
dont les feuilles sont grandes, ovales, lancéolées et d'un vert
foncé. Fleurs en forme de gueule, purpurines, blanches ou
rouge cramoisi, qui durent tout l'été quand on a soin de couper les tiges défleuries. Multiplication de semis en pleine
terre au printemps. Une espèce double, plus jolie et moins
rustique, se propage par l'éclat des pieds. Il faut la couvrir
de litière pendant les fortes gelées.

GUIMAUVE. Plante assez rustique admise dans nos jardins comme plante d'agrément ; elle s'y multiplie facilement de semences au printemps, ou par la séparation des pieds en automne. Sa racine, vivace, peut, à ce qu'assurent les médecins, remplacer presque toutes les substances mucilagineuses. On en fait une pâte pour guérir la toux. Il existe encore deux espèces de *guimauves*, qui viennent partout et se cultivent comme la première.

GUIMAUVE A FEUILLES DE CHANVRE. Beaucoup plus grande que celle officinale. Fleurs d'un beau rose, qui paraissent à l'arrière-saison et durent longtemps.

GUIMAUVE DE NARBONNE. Tiges comme celles de la précédente, qui donnent une filasse propre à faire de la toile.

HALEISIE. Très-bel arbrisseau qui se multiplie, au printemps, de semences en terre de bruyère ou de marcottes, qui ne se relèvent qu'après deux ans. Feuilles longues et dentées ; fleurs d'un blanc pur, en cloches et pendantes.

HAMAMÉLIS. Petit arbrisseau dont les feuilles ressemblent à celles de l'*aune*. Fleurs jaunes en automne ; ombre et humidité. Marcottes ou semis en terre de bruyère.

HARICOT D'ESPAGNE. Cette espèce, sans être bonne, est cependant mangeable. On la cultive ordinairement comme plante d'agrément, à cause de ses belles fleurs rouges. Elle s'élève très-haut. Culture des haricots ordinaires.

HARICOT DES INDES A GRANDES FLEURS. Espèce vivace. Fleurs pourpres, blanches ou roses, et très-odorantes ; elle ne s'élève pas au-delà de 2 mètres. Multiplication : semis dans une exposition bien chaude ; mieux sur couche au printemps ; marcottes ou boutures. Beaucoup d'eau l'été ; l'orangerie l'hiver.

HÉLÉNIE D'AUTOMNE. Plante d'ornement. Feuilles lancéolées ; rameaux quadrangulaires ; tiges de 1 mèt. 33 c. ; les fleurs d'un beau jaune et assez semblables à celles du soleil, se montrent d'août en novembre. Éclat des racines qui sont très-vivaces ; toutes terres et expositions.

HELIOTROPE. Les fleurs qui paraissent de juin en novembre et souvent après, répandent une douce odeur de vanille. Il faut à la plante une bonne exposition, une terre légère et beaucoup d'eau pendant les chaleurs; elle se multiplie de graines ou de boutures faites sur couche au printemps ou en été. Les boutures réussissent quelquefois sans le secours de la couche.

Héliotrope d'hiver. *V. Tussilage odorant.*

HELONIAS. Racines vivaces. Feuilles engaînantes et lancéolées. Jolies fleurs roses qui paraissent au mois de mai, en épi, à l'extrémité d'une hampe teinte de rose comme les feuilles. Cette plante se propage de semis au printemps ou de rejetons. On la conserve en pots dans une exposition ombragée.

HEMANTHE ÉCARLATE, Tulipe du Cap, Fleur de sang. Gros oignon. Deux feuilles radicales qui ne paraissent qu'après les fleurs. Celles-ci, d'un très-beau rouge et disposées en ombelles, paraissent en août sur une hampe de 18 cent. Terre de bruyère; peu d'eau, et la serre chaude pour faire fleurir la plante, qui se multiplie de graines au printemps ou de caïeux séparés, tous les deux ans, de l'oignon principal.

Variétés à *feuilles ondulées,* qui paraissent avec les fleurs. Mêmes culture et propagation.

HÉMÉROCALE, Lis jaune, Asphodèle. Plante bulbeuse. Feuilles longues et étroites; fleurs odorantes, jaune-jonquille.

Hémérocale bleue. Fleurs au sommet de la tige.

Hémérocale fauve. Fleurs d'un rouge brun.

Hémérocale du Japon. Fleurs blanches.

Cette dernière demande l'orangerie. Les autres peuvent se multiplier, en septembre ou octobre, par la séparation des racines.

HÊTRE COMMUN, Fau, Foyard. Arbre d'un beau port, à tige droite, qui s'élève très-haut. Écorce lisse et blanche; feuilles d'un vert luisant, qui restent attachées aux branches jusqu'à la pousse des nouvelles. Les fruits, nommés *faînes,* mangés en quantité, produisent l'ivresse. L'huile de *faînes* est moins bonne que l'huile d'*olives*; mais elle acquiert de la qualité en vieillissant, tandis que celle-ci la perd. Variétés à feuilles pourpres ou panachées, et à rameaux pendants. Elles peuvent se greffer sur le *hêtre commun.*

HIBERTIE. Arbrisseau dont les tiges sont grimpantes. Feuilles lancéolées et velues, vertes dessus et pâles dessous. Les fleurs, qui paraissent tout l'été, sont d'un beau jaune, mais elles répandent une mauvaise odeur. Boutures, en mai, sur couche. Terre de bruyère; orangerie l'hiver.

Variété à *feuilles crénelées*, qui se cultive de même.

HORTENSIA, ROSE DU JAPON. Arbuste que tout le monde connaît aujourd'hui. Buisson très-rameux; belles feuilles aiguës et dentées; fleurs en touffes et grandes, qui passent du vert pâle au rose ou violet, et de cette couleur au blanc sale. Quelques-unes deviennent bleues. Ce changement, dans la couleur naturelle de cette plante, peut être produit par la présence, dans la terre, de l'ocre ou d'un hydrosulfure de fer. On peut obtenir cette métamorphose en arrosant d'une eau ferrugineuse l'hortensia planté dans une terre ordinaire.

HOUSTONIA. Joli arbuste du Mexique. Racines vivaces; feuilles ovales, pointues et persistantes; fleurs d'un beau rouge, en forme de parasol, qui se montrent en juin. Bonne terre; orangerie l'hiver, où cette plante continue de fleurir si l'on a soin de la garantir de l'humidité. Marcottes ou boutures au printemps, sur couche. Variétés à *fleurs blanches, bleues* et *pourprées*. Même culture.

HOUX. Arbrisseau toujours vert, qui pousse sans culture dans les bois. Feuilles luisantes, fermes et épineuses. Aux fleurs blanches, qui paraissent en juin, succèdent des baies rouges. Variété à *feuilles sans épines*; autres, *panachées de blanc* ou de *jaune*, qui se multiplient par la greffe sur des sujets provenus de semis, en bonne terre, aussitôt après la maturité des graines. Il existe encore, parmi les arbrisseaux d'orangerie, plusieurs espèces de houx : celui à *feuilles de laurier*, et ceux d'*Amérique, de Madère, de Minorque* et *du Canada*.

HOYER. Cette plante ne doit pas quitter la serre chaude, qu'elle est propre à décorer de ses rameaux sarmenteux, qui s'attachent comme le lierre. Jolies fleurs blanches teintes de rouge.

HYDRANGÉE. Plante à fleurs blanches, ayant beaucoup de ressemblance avec la *boule de neige*.

HYDRANGÉE DE VIRGINIE. Fleurs blanches en parasol à l'extrémité des rameaux. Terre substantielle ou de bruyère; exposition ombragée. Marcottes et drageons au printemps.

HYPOXIS ÉTOILÉE. Plante bulbeuse, originaire du Cap. Feuilles radicales, lancéolées et longues ; les fleurs, en étoiles et solitaires, qui se montrent fin d'avril à l'extrémité des hampes basses, sont d'un beau jaune et ne paraissent qu'au soleil.

Variété à *fleurs plus petites* et *blanches*.

Terre légère ; châssis ou orangerie l'hiver. Multiplication, pour les deux, de caïeux en automne. La première se propage aussi de graines semées au printemps.

HYSSOPE. Plante vivace et aromatique. Graines semées en mars; boutures en été; éclats de pieds en automne.

Variétés à *feuilles de myrte*, à *fleurs blanches* et *rouges*.

IF. Arbre toujours vert, un des beaux ornements des grands jardins ; il s'accommode de tout terrain, et se multiplie de semences, boutures ou marcottes. Les feuilles d'*if* sont très-mauvaises pour certains animaux. On a vu des ânes et des chevaux mourir pour en avoir mangé. Il est dangereux de dormir sous son feuillage. On assure que si l'on jette au fond d'une eau dormante un fagot d'*if*, les poissons ne tardent pas à venir à la surface de l'eau comme s'ils étaient enivrés.

IMMORTELLE ANNUELLE. Les tiges de l'*immortelle* sont droites et cotonneuses ; les feuilles blanchâtres dessous; les fleurs, qui paraissent pendant quatre mois, sont blanches, purpurines ou gris de lin, simples ou doubles.

IMMORTELLE A BRACTÉES. Plus élevée. Feuilles molles; fleurs d'un beau jaune doré, qui paraissent à l'extrémité des tiges.

Ces deux *immortelles* se multiplient de graines semées sur couche aussitôt leur maturité. On met le plant bien enraciné en terre légère et à bonne exposition. La simple se sème souvent d'elle-même.

Parmi dix à douze autres espèces, qui sont vivaces et se propagent de boutures ou de marcottes, on distingue :

L'IMMORTELLE ÉCLATANTE. Fleurs d'un très-beau jaune d'or éclatant.

L'Immortelle a grandes fleurs. Blanches et jaunes.

L'Immortelle prolifère. Fleurs purpurines et solitaires.

L'Immortelle a tiges torses. Petites feuilles et fleurs blanches.

IMPÉRATOIRE. Cette plante vivace, qui se multiplie par la séparation des pieds, s'accommode de tout terrain et de toute exposition. Les tiges forment buisson; les feuilles sont grandes et radicales, et les fleurs blanches en forme de parasol.

INDIGOTIER, Atro-pourpre. Plante originaire de l'Inde, donnant, de septembre en octobre, des grappes à jolies petites fleurs pourpres. Elle se multiplie de semis et marcottes, et demande la terre chaude. Il existe plusieurs variétés se cultivant de même.

IPOMÉE écarlate, Jasmin d'Amérique. Plante annuelle et grimpante, ayant besoin d'appui. Tiges volubiles de plus de 2 mètres 65 centimètres. Les fleurs, qui sont petites, en cloche et d'un beau rouge écarlate, se montrent pendant deux mois de l'été. Bonne terre, exposition chaude. Les graines se sèment, en mars ou avril, sur couche.

Ipomée pourpre. C'est cette plante que les jardiniers nomment *Volubilis*. Ses feuilles, en cœur, sont d'un vert foncé, et ses grandes fleurs rouge-pourpre en dedans, et blanc-violet en dehors. Même culture, ou, en pleine terre, dans une exposition bien chaude.

Il existe encore plusieurs *ipomées* de serre chaude, vivaces, très-belles, et dont la multiplication se fait de boutures.

IRIS BULBEUX, Lis d'Espagne. Oignon allongé. Feuilles plus ou moins longues et larges, suivant les nombreuses variétés, qui donnent des fleurs solitaires ou en bouquets, bleues, jaunes, blanches, pourpres, violettes, etc. Iris de Perse. Oignon plus petit. Jolies fleurs d'un beau blanc satiné, légèrement teintes en bleu. Iris bermudiane ou Double bulbe. Feuilles engaînantes et tombantes; fleurs violettes, tachées de jaune et de blanc.

Ces espèces peuvent se multiplier, par caïeux séparés en juillet, tous les deux ans.

L'*Iris de Perse* a besoin d'être couvert pendant les grands froids. Le semis procure des variétés.

Iris commun. Fleurs violettes, bleues, jaunes, pourpres et odorantes, surtout par un beau soleil.

Iris a grandes fleurs bleues. D'une odeur beaucoup plus agréable.

Iris nain. A fleurs solitaires et blanches. Cette espèce offre beaucoup de variétés, dont les fleurs sont pourpres, purpurines, rouges ou violettes.

Iris de Florence. Grandes fleurs blanches veinées de jaune et odorantes.

Iris tigré. Tige plus élevée. Grandes fleurs d'un brun clair, avec des veines pourprées.

Iris de Sibérie, de Hollande, a odeur de sureau. Ces iris se propagent par la séparation des racines, en automne ou en février, et par graines semées au printemps.

Itéa de Virginie. Joli petit arbuste de pleine terre, à feuillage d'un beau vert et à fleurs blanches, réunies en grappes à l'extrémité des rameaux. Terre légère, humide et ombragée.

Itéa a grappes. Il ne diffère de l'autre que par sa taille, d'environ 6 mètres. Tous deux se propagent de marcottes et de rejetons.

Ixia. Plante bulbeuse, originaire du Cap. Il en existe un grand nombre d'espèces et de variétés, que l'on cultive plus ordinairement en pots, pour les garantir du froid, auquel elles sont très-sensibles. Quelques amateurs les tiennent dans des bâches disposées exprès.

Ixia a longues fleurs. Feuilles linéaires et droites. Les fleurs, qui paraissent en juillet, sont jaunâtres et en épi.

Ixia maculé. Tige menue et feuilles longues; fleurs en épi, violettes, rouges, blanches, jaunes et pourpres, selon les variétés.

Ixia tricolore. Fleurs en entonnoir; corolle d'un beau rouge sur un fond jaune doré. Un trait noir velouté sépare ces deux couleurs.

Ixia orangé. Il offre plusieurs variétés. Fleurs d'un jaune plus ou moins foncé : fleurs orangées, tachées de brun, rouges, pourprées, etc.

Ixia-cannelle. Fleurs blanches intérieurement, et couleur de *cannelle* au dehors. Ces fleurs, qui paraissent en juin, ne s'ouvrent que le soir, ne sont odorantes que la nuit, et se ferment le matin.

Toutes ces plantes, comme celles dont on ne parle pas, se multiplient très-facilement de caïeux, en septembre ou octobre.

JACÉE DES PRÉS. C'est une plante à fourrage qu'on trouve dans quelques prairies, et qui a l'avantage de végéter dans les temps les plus secs.

JACINTHE. Plante basse, dont l'oignon pousse des feuilles radicales, longues et étroites ; et une tige nue, terminée par un bouquet pyramidal, de fleurs en tube, découpé en six parties, de couleur blanche ou bleue ou rouge. Les *jacinthes* communes, à petites fleurs simples ne se trouvent que dans les grands jardins. Les *jacinthes passe-tout*, à grandes fleurs simples, très-nombreuses (jusqu'à 30 au bouquet), sont assez estimées pour que les fleuristes en aient dénommé plus de 300 variétés. Les *jacinthes civiles*, lyonnaises, et hollandaises à fleurs doubles, sont estimées, et peuvent occuper des places distinguées sur un parterre. Les *jacinthes* de Hollande à fleurs doubles, dont plus de 700 variétés sont dénommées, sont les plus précieuses.

Les simples et les semi-doubles se plantent de septembre en novembre, à 10 c. 8 mill. ou 10 c. 35 mill. de profondeur, et à 10 c. 62 mill. de distance, dans les plates-bandes du parterre, où elles réussissent bien pourvu que la terre ne soit pas glaiseuse, compacte, de mauvaise qualité. On les déplante tous les deux ou trois ans pour séparer les caïeux. Elles se multiplient aussi par les semences, qui donnent souvent des variétés à fleur double. Depuis août jusqu'en mars, on sème la graine en terre douce ; on la couvre au rateau et on jette 27 mill. de terreau consommé. Avant l'hiver suivant, on étend sur le jeune plant 27 mill. au moins de bonne terre meuble et autant l'hiver d'après. La troisième année, on lève les jeunes oignons, en juillet, pour les planter dans la saison, comme les oignons formés ; la plupart fleuriront l'année suivante.

Les belles jacinthes doubles aiment une vraie terre franche, ou un terrain de sable substantiel, sans humidité, sans aridité. Les terres de qualités contraires doivent être corrigées avec des matières convenables entièrement consommées, et parfaitement mêlées longtemps auparavant, ou être remplacées par des terres composées depuis deux ans au moins. On pourrait labourer le terrain très-profondément et le dresser; y faire, avec un plantoir émoussé, de fort larges trous, distants de 10 cent. 62 mill. et profonds de 10 cent. 80 mill.; y jeter d'abord 44 mill. de terre composée; y placer les oignons et remplir de la même terre composée. On les plante en octobre et novembre; on les relève par un temps sec, en juin et juillet, lorsque les feuilles se sèchent; on les étend pendant douze ou quinze jours à l'ombre, en lieu sec et aéré; on les nettoie et on les étend en lieu sec. Environ quinze jours avant de les remettre en terre, on sépare les caïeux et on les étend, ainsi que les oignons, afin que les plaies se dessèchent.

JASMIN BLANC commun. Arbrisseau dont les sarments sont verts et très-souples. Les fleurs blanches, d'une odeur très-agréable, paraissent pendant tout l'été.

Jasmin jaune. Celui-ci forme des buissons toujours verts; il est plus vigoureux que le blanc. Ses fleurs sont inodores.

Jasmin nain d'Italie. Très-petites fleurs jaunes sans odeur. Ces trois *jasmins* peuvent demeurer en pleine terre. Ils se propagent de marcottes et de rejetons.

Les jasmins suivants se cultivent en pots et se rentrent l'hiver dans l'orangerie :

Jasmin des Açores. Il forme de très-jolis buissons. Les fleurs, qui se montrent en août, sont blanches et d'une odeur suave.

Jasmin d'Espagne a grandes fleurs, rouges dehors, et blanches dedans; elles durent l'été et l'automne.

Jasmin-Jonquille. Il fleurit presque toujours. Feuilles luisantes et persistantes; fleurs ayant la couleur et l'odeur des jonquilles.

Jasmin glauque. Sarmenteux et géniculé; diffère peu des autres. Tous ces jasmins se multiplient comme les trois pre-

miers ou par la greffe sur le blanc ordinaire. Les graines du
jasmin-jonquille peuvent être semées au printemps ; les sujets
qui en proviennent fleurissent l'année suivante.

JONC. Les feuilles de cette plante, très-connue, servent à lier
les petites branches des espaliers. Il est bon d'en avoir dans
un coin humide du jardin.

JONQUILLE ou NARCISSE-JONQUILLE. Le nom de cette
fleur lui vient de la forme de ses feuilles, semblables au *jonc*.
Petit *oignon* brun qui se plante en septembre, un peu de
côté, les racines vers le midi, et seulement à quatre doigts de
profondeur dans une terre légère, où il peut demeurer trois
ans sans être relevé. Les fleurs, qui paraissent en avril, sont
simples ou doubles, d'un beau jaune et très-odorantes.

JOUBARBE, FIL D'ARAIGNÉE. Petite plante vivace, dont les
feuilles, en rosettes, sont entremêlées de poils qui ressemblent
un peu aux toiles d'araignée. Fleurs rouges à l'extrémité des
rameaux.

JOUBARBE EN ARBRE. Tige grosse et nue de plus d'un mètre.
Feuilles aux extrémités du milieu desquelles sortent des fleurs
d'un beau jaune ; orangerie l'hiver. Tout le monde connaît
une autre *joubarbe* (artichaut sauvage), qui pousse sans culture sur les toits. Ses feuilles pilées peuvent guérir les coupures récentes. Les *joubarbes* se multiplient de boutures qu'on
ne met en terre qu'après les avoir fait faner un peu.

JULIENNE, CASSOLETTE, GIROFLÉE DES DAMES, Plante vivace
qui ne vient bien que dans une terre très-substantielle. Boutures après la floraison ; éclats des pieds en automne. Les
fleurs répandent une odeur agréable ; elles sont blanches ou
violettes, simples ou doubles. On cultive plus volontiers ces
dernières.

JULIENNE DE MAHON ou GIROFLÉE DE MAHON. On peut faire de
jolies bordures avec cette petite plante annuelle qui se sème
en mars et dont les fleurs odorantes sont lilas ou rouges.

JUSQUIAME DORÉE. Très-petit arbuste dont l'existence
n'excède pas quatre ans. Feuilles découpées et d'un vert clair.
Les fleurs, qui paraissent tout le printemps et l'été, sont pendantes, d'un beau jaune à l'extérieur et pourpre-noir intérieu-

rement. Semences ou boutures sur couches. Terre d'oranger ; exposition chaude ; orangerie l'hiver.

JUSTICIA. V. *Carmantine*.

KALMIER. Arbrisseau magnifique de pleine terre. Il forme un joli buisson, toujours vert, de 1 mèt. 35 à 1 mèt. 65 cent. d'élévation. Les feuilles, plus vertes en dessus qu'en dessous, sont oblongues et aiguës. Les fleurs, d'un très-beau rouge et rassemblées en bouquet, paraissent en juin, à l'extrémité des rameaux. Terre de bruyère humide et mi-soleil. Semences en terrines aussitôt après la maturité des graines ; rejetons ou marcottes avec du jeune bois. On connaît encore trois ou quatre autres kalmiers, qui sont tous très-jolis, plus ou moins élevés et se multiplient de même.

KETMIE DES MARAIS. C'est une plante vivace qui s'élève à environ 1 mèt. 33 cent. Les feuilles, cotonneuses, sont découpées profondément. Fleurs grandes, blanches, pourpres ou couleur de soufre, qui paraissent tout l'été. Bonne terre ; exposition chaude ; arrosements. Semis en avril, en pots, sur couche et sous châssis. Les *ketmies écarlates*, à feuilles de *manihot*, élégantes et à fleurs changeantes, sont d'orangerie ou de serre chaude.

KETMIE DES JARDINS, *Mauve en arbre*. Arbrisseau du Levant. Buisson formé de nombreux rameaux, dont l'écorce est grise. Les feuilles sont ovales, dentées et pointues. Feuilles semblables à celles de l'*alcée*, solitaires, simples ou doubles, rouges, blanches et pourpres, selon la variété. Exposition du midi et terre légère. Les amateurs cultivent encore plusieurs *ketmies*, arbrisseaux de serre chaude ou d'orangerie, parmi lesquelles on distingue le *ketmie rose de la Chine*, qui produit un effet charmant.

LACHÉNALE. Cinq ou six *oignons* plus ou moins gros portent ce nom. Ils sont classés parmi les plantes d'agrément, se multiplient tous par leurs caïeux, en bâche ou serre tempérée. Jolies fleurs en mars, avril et plus tôt.

LANTANA ou CAMARA. On cultive sous ce nom plusieurs arbrisseaux toujours verts, qui ne s'élèvent pas au-delà de 1 mèt. 33 cent., notamment le lantana à feuilles de mélisse, le lantana à collerette et le lantana odorant. Tous sont de serre ou d'orangerie et se multiplient de graines semées, au printemps, sur couche et sous châssis.

LAURÉOLE COMMUN, Chamelé noir. Petit arbuste à grandes fleurs placées aux extrémités des rameaux peu nombreux. Fleurs d'un vert jaune, paraissant de janvier à mars. Voyez DAPHNÉ.

LAURIER FRANC, Laurier d'Apollon. Arbre plus ou moins grand, selon la température plus ou moins douce du pays qu'il habite. Feuilles persistantes, luisantes, ovales, pointues et d'un beau vert foncé. Ces feuilles, dont on se sert pour relever le goût des mets, font tout le mérite de l'arbre, ses fleurs étant insignifiantes. Le *laurier*, un des plus beaux arbres verts, demande une terre substantielle, l'exposition du midi et de bonnes couvertures l'hiver ; mieux encore l'orangerie. Il se multiplie de graines semées aussitôt leur maturité, dans des pots tenus sur couche, de drageons enracinés qui se détachent au printemps, ou de marcottes faites en septembre.

On cultive encore le Laurier sassafras, dont le bois a la vertu, tant qu'il conserve son odeur, de repousser les vers et les punaises. Quelques morceaux placés dans les armoires détournent les teignes qui détruisent les étoffes de laine. Son écorce sert à teindre en couleur orangée ; le *laurier faux Benjoin*, le *rouge* ou *laurier Bourbon*, celui des *Indes*, celui de *Madère* et le *laurier camphrier*, dont l'odeur est celle du camphre, qu'il donne par l'ébullition des racines et des branches coupées très-menues.

Le Laurier cannellier demande constamment la serre chaude. Il produit la *cannelle* qui forme son écorce. Son fruit est, dit-on, d'un goût agréable.

Laurier-rose. Cet arbrisseau, toujours vert et très-joli, s'élève à plus de 2 mèt. 65 c. Ses feuilles, lancéolées, fermes et pointues, sont d'un vert jaunâtre. Fleurs tout l'été, grandes et roses. Les variétés de cette espèce sont les suivantes : *feuilles panachées*, *fleurs blanches*, *fleurs panachées*, *fleurs doubles* à odeur de vanille.

Laurier-rose odorant. Plus petit que le *laurier-rose commun*, il offre comme lui plusieurs variétés d'un parfum très-agréable.

La multiplication et la culture des deux espèces sont les mêmes. Terre substantielle et légère, eau, soleil.

LAVANDE. Plante de moins de 65 centimètres, aromatique et vivace, dont on peut faire des bordures dans les grands jardins potagers. Elle sert à aromatiser les eaux-de-vie de toilette, et se multiplie de pieds enracinés. La *lavande* infusée dans l'huile d'olive donne ce qu'on appelle l'*huile d'aspic*, qui s'emploie dans les beaux vernis, fait mourir les vers, les punaises et autres vermines. Les amateurs cultivent encore, comme plantes et arbustes d'agrément, plusieurs *lavandes* qui demandent l'orangerie l'hiver.

LAVATÈRE A GRANDES FLEURS ou MAUVE FLEURIE. Plante annuelle ou bisannuelle d'environ 65 centimètres. Ses fleurs, qui paraissent tout l'été, sont grandes, solitaires, roses ou blanches ; feuillage arrondi et dentelé. Semis au printemps en terre légère ou dans du terreau. Le plant assez fort se repique en place. Il en existe plusieurs variétés.

LIERRE. Arbrisseau sarmenteux, rampant et s'attachant partout ; il s'accommode du plus mauvais terrain et de toute exposition ; il se multiplie facilement.

LILAS. Le *lilas commun* offre trois variétés : celui à *fleurs blanches*, celui à *fleurs d'un bleu pâle*, qui a servi de modèle à cette nuance de couleur que l'on appelle *lilas*, et celui à *fleurs plus foncées* ou *lilas de Marly*. Ce dernier est un peu plus petit que les deux autres. Le LILAS DE PERSE ne s'élève pas au delà de 2 mètres. Ses variétés se distinguent par le feuillage et les fleurs plus ou moins foncées. Le LILAS VARIN, plus grand que celui de Perse, n'atteint jamais la hauteur du lilas ordinaire.

Tous ces charmants arbrisseaux, peu difficiles sur le choix du terrain et d'une culture facile, se multiplient de drageons détachés fin de septembre ou commencement d'octobre. On peut aussi semer, mais il faut le faire aussitôt la maturité des graines, qui ne lèvent plus qu'au printemps suivant. Ce moyen est long.

LIN. Les amateurs cultivent, comme plantes d'agrément, plusieurs *lins* plus ou moins jolis, parmi lesquels le *lin campanulé*. Ses tiges ne s'élèvent pas à 33 centimètres ; ses fleurs, grandes et jaunes, se montrent en juin et juillet. Multiplication par l'éclat des racines en automne. Bonne exposition et couverture l'hiver.

LIPARIE ou LIPARIA. Deux arbrisseaux toujours verts et au moins de 1 mètre 33 centimètres, se nomment ainsi : le Liparia sphérique et le Liparia lancéolé. Tous deux donnent en avril, mai et juin de très-jolies fleurs jaunes; ils se multiplient de graines ou de boutures et demandent l'orangerie l'hiver.

LIS COMMUN. Il en existe un grand nombre d'espèces, entre autres le lis martagon, dont la fleur est rouge pourpre avec de petits points noirs; il offre lui-même plusieurs variétés : le *blanc*, le *jaune*, celui à *fleurs doubles* et le martagon du Canada, que l'on nomme encore *lis superbe*. La culture de ce dernier demande plus de soins. L'oignon doit être soutenu en terre de bruyère, et bien couvert pendant les froids.

LISERON DE PORTUGAL ou BELLE DE JOUR. Fleurs en tube évasé, blanches, jaunes et bleues sur les bords, qui se succèdent pendant tout l'été. Graines semées au printemps sur couche ou en place. Outre plusieurs variétés de *liserons annuels et grimpants*, on en cultive quelques espèces vivaces, notamment le *liseron satiné*, joli petit arbuste d'orangerie qui se propage de boutures ou de graines. Il est toujours vert : ses feuilles sont argentées; ses fleurs d'un blanc rose.

LOBÉLIE ou CARDINALE. Ainsi nommée à cause de la couleur de ses fleurs en épis, colorées d'un rouge très-vif qui lui donne un grand éclat; elles sont en tube évasé. Cette plante vivace, de 65 centimètres à 1 mètre, demande à être couverte l'hiver, et mieux encore l'orangerie. Elle se multiplie de boutures ou de racines éclatées, mais bien plus sûrement de graines semées sur couche aussitôt leur maturité. Voici les noms de quelques autres espèces dont la culture est à peu près la même :

LOBÉLIE SIPHILITIQUE. Tige de 54 centimètres. Fleurs bleues en octobre.

LOBÉLIE BRILLANTE et LOBÉLIE ÉCLATANTE. Ces deux espèces

sont d'orangerie. Leurs fleurs sont plus grandes que celles des autres, et d'un rouge plus vif.

LOTIER, Pois café. Cette plante, annuelle et très-velue, pousse des tiges rampantes de moins de 35 centimètres. Feuilles ovales et d'un beau vert; fleurs rouge foncé. — On cultive encore le LOTIER SAINT-JACQUES, qui s'élève beaucoup plus que le premier, et dont les feuilles sont blanchâtres et velues, et les fleurs brun foncé. Tous deux se sèment sur couche, en mars ou avril, et se repiquent au mois de mai, le premier en pleine terre, et le deuxième dans des pots qu'il faut rentrer l'hiver en orangerie.

LUNAIRE, Grand sapin blanc, Monnaie du pape, Médaille de Judas. Cette plante bisannuelle est d'autant plus facile à multiplier, qu'elle se sème souvent d'elle-même. Tout terrain et toute exposition lui conviennent. On la cultive moins pour ses fleurs violettes, assez semblables à la *julienne simple*, que pour les enveloppes des graines, qui deviennent d'un beau blanc satiné et transparentes ; elles produisent un bon effet en place comme en bouquets.

LUPIN. Deux espèces sont cultivées comme plantes d'agrément.

LUPIN VIVACE. A fleur rose-lilas.

LUPIN ANNUEL. A fleur jaune odorante.

Tous deux peuvent se semer en pleine terre, en avril ou mai.

LUZERNE EN ARBRE. Arbrisseau charmant, d'environ 2 mètres 30 centimètres, à fleurs d'un très-beau jaune, qui se montrent pendant tout l'été. Feuilles petites et persistantes. Semis au printemps; boutures et marcottes à la même époque ; bonne terre; exposition chaude; orangerie l'hiver.

MAGNOLIA. Les magnolias se sèment et se repiquent, comme les orangers, dans la même terre ou dans celle de bruyère. On les laisse deux ou trois ans en orangerie avant de mettre en place en pleine terre ceux qui bravent les hivers de nos climats. Ils se multiplient aussi de boutures, marcottes et greffes en approches. Il y en a un grand nombre de variétés, donnant presque toutes de belles fleurs à odeur suave.

MARGUERITE. La marguerite croît sans culture dans les prés. On ne cultive dans les jardins que les variétés à *fleurs doubles, blanches, violettes, panachées* et *rouge plus ou moins foncé,* connues sous le nom de *Pâquerettes* ou *Fleurs de Pâques.* Ces petites plantes vivaces, qui font d'assez jolies bordures, se multiplient par l'éclat des pieds, au printemps, ou quand la fleur est passée. Elles aiment une situation un peu ombragée.

Plusieurs marguerites appartiennent à la famille des *Astères,* qui comprend un grand nombre de variétés, telles que les suivantes : l'ASTÈRE DE LA CHINE ou *marguerite des Indes;* l'ASTÈRE *œil de Christ,* à fleurs rayonnées, comme toutes celles des divers *astères,* bleues, à disque jaune; l'ASTÈRE A GRANDES FLEURS, d'un bleu purpurin, à odeur de citron, etc.; l'ASTÈRE A FEUILLES D'AMANDIER, à fleurs blanches; l'ASTÈRE SUPERBE, à fleurs bleues; l'ASTÈRE DE SIBÉRIE, à fleurs grandes, bleu pourpré, et à disque d'un jaune très-brillant; l'ASTÈRE MARITIME, à fleurs blanches, à disque jaune, etc., etc.

MARJOLAINE ou ORIGAN. Plante vivace, dont il existe plusieurs espèces qui toutes se multiplient par boutures et par leurs pieds éclatés, en octobre ou au printemps.

MARJOLAINE A COQUILLE, ainsi nommée à cause de la disposition de son feuillage cotonneux, persistant et concave, en forme de cuillère. Fleurs roses et blanches, en épis ronds et rapprochés. Elle demande l'orangerie l'hiver.

MATRICAIRE. Il existe trois variétés de cette plante vivace et d'une odeur très-forte : la *simple,* la *semi-double* et la *double,* à peu près la seule cultivée. Tiges d'environ 65 c., qui donnent, l'été, une quantité de fleurs assez semblables à des boutons d'argent. Eclat des pieds; rejetons ou graines qui se sèment souvent d'elles-mêmes.

MAUVE. On cultive comme plante d'agrément :

La MAUVE CRÉPUE OU FRISÉE, à cause de ses feuilles d'un beau vert, crénelées et frisées sur les bords; elle est annuelle, et sa tige s'élève à près de 2 mètres 65 centimètres.

La MAUVE ÉCARLATE, annuelle comme la précédente. Tige de 33 centimètres; feuilles duvetées; fleurs rouge pourpre qui se montrent tout l'été.

Ces deux *mauves*, comme la mauve commune, se multiplient de graines semées en terre ordinaire, aussitôt après la maturité.

MÉLISSE. Plante dont la culture est la même que celle de la menthe.

MÉNIANTHE. Cette plante aquatique offre plusieurs espèces, connues sous les noms de *trèfle d'eau* ou de *petit nénuphar*. Les feuilles, en cœur, flottent à la surface de l'eau, de même que les fleurs, qni ne se montrent jamais pendant les jours orageux.—Le *ménianthe,* qui se multiplie de graines ou par l'éclat des pieds, au printemps, peut être cultivé dans une terre de marais entretenue humide, au moyen d'un vase d'eau qui contient les pots.

MENTHE cultivée. Cette plante vivace offre plusieurs variétés, telles que la *verte,* la *ronde,* la *crêpée,* la *poivrée,* etc. Elles se multiplient toutes au printemps par boutures ou drag, geons. Le semis peut être employé, mais on y a rarement recours.

MILLEPERTUIS. Plante de 1 mètre de hauteur, donnant, de septembre à décembre, de grandes et belles fleurs jaunes. Il en existe un grand nombre de variétés ; elles se multiplient de graines, de marcottes, de boutures ou par éclats ; quelques-unes veulent l'orangerie.

MOLUCELLE. On cultive sous ce nom deux plantes annuelles et aromatiques de 65 centimètres à 1 mètre 33 centimètres, qui se multiplient de graines semées sur couche au printemps : la *molucelle épine* et la *molucelle lisse,* qui toutes deux demandent une bonne terre et une exposition chaude.

MONARDE. Deux plantes vivaces portent ce nom : l'une à fleurs pourpres, et l'autre surnommée *Baumier de Virginie,* à fleurs rouges, qui, sous tous les rapports, mérite la préférence à cause de son feuillage odorant, d'un beau vert et de l'éclatant rouge feu de ses fleurs disposées en becs d'oiseaux. Terre légère ; exposition un peu ombragée ; séparation des pieds en automne ou au printemps ; couverture l'hiver.

MORÉE DE LA CHINE OU IRIS TIGRÉ DES JARDINS. Plante de pleine terre avec l'abri l'hiver, bulbeuse et vivace, ayant plusieurs variétés qui se cultivent comme les iris et se multiplient de graines et d'œilletons.

MOURON EN ARBRE. Ce joli petit arbuste d'orangerie n'atteint jamais la hauteur de 65 cent. Ses tiges, quadrangulaires, sont teintes de rouge foncé, et ses feuilles lancéolées et persistantes. Il produit, une grande partie de l'année, des fleurs d'un rouge vif, simples ou doubles, suivant la variété, ayant quelque ressemblance avec celles du *petit mouron*. Boutures sur couche, au printemps ; terre franche et légère ; mi-soleil.

MUGUET, Lis de mai, Lis des vallées. Jolies petites fleurs, en forme de godets, répandant une odeur suave. Il vient de lui-même dans les bois. On peut le multiplier par l'éclat des pieds et le transporter dans les jardins, ayant soin de le tenir en terrain humide et ombragé. Variété *rose*, autre à *fleurs doubles.*

MUSCARI ODORANT ou JACINTHE MUSQUÉE. Oignon plus petit que celui de *tulipe*, que l'on cultive moins pour sa fleur brune et peu apparente que pour son odeur agréable. Il ne craint pas la gelée, et peut demeurer en terre pendant plusieurs années. On le relève en juillet pour en séparer les caïeux, qui, comme l'oignon principal, se replantent en octobre. On rencontre plusieurs Muscaris : celui à *grappes*, qui pousse sans culture dans les prés ; le Monstrueux, *lilas de terre* ou *jacinthe de Sienne*, fleurs bleues ; et le muscari chevelu ou *jacinthe à toupet*, à cause de la disposition de ses fleurs.

MYOSOTIS. *V. Scorpione.*

MYRTE. Arbrisseau à rameaux souples et nombreux, d'un port agréable, toujours vert et parfumant les doigts, dès qu'on le touche. Il offre plusieurs variétés qui diffèrent entre elles par la taille, les fleurs simples ou doubles, et les feuilles plus ou moins grandes. Dociles au ciseau du jardinier, les myrtes se prêtent à toutes les formes qu'on veut leur donner ; ils aiment le soleil et l'eau, craignent la moindre gelée, et demandent, par cette raison, à être rentrés de bonne heure en orangerie. Ils se multiplient facilement, au printemps, de marcottes, de boutures, de rejetons ou de semis. Une terre légère et substantielle est celle qui leur convient.

NARCISSE DES POÈTES. Oignon moyen donnant en avril et mai des fleurs blanches odorantes. Se multiplie de graines ou de caïeux en toutes terres et à toutes expositions. Il existe plusieurs variétés de narcisses qu'on est dans l'usage de planter en pots ou dans des carafes pleines d'eau, telles que le NARCISSE DE CHYPRE, le TOUT-BLANC, et le GRAND SOLEIL D'OR, qui supporte aussi la pleine terre.

NARCISSE JONQUILLE. Petit oignon dont les feuilles ressemblent au jonc, d'où lui vient son nom. Tige droite ; fleur d'un beau jaune, double ou simple. On emploie les simples dans les massifs. On les déplante tous les ans pour les replanter en septembre et octobre avec séparation de caïeux.

NÉNUPHAR ou LIS D'ÉTANG, ou NYMPHÆA. Cette plante aquatique et vivace offre plusieurs variétés à fleurs blanches, jaunes ou bleu de ciel ; les feuilles, larges, arrondies et d'un beau vert, flottent toujours sur les étangs, où ces plantes viennent sans culture ; elles ornent les pièces d'eau des jardins, si l'on y jette des graines ou des racines.

NIGELLE DE DAMAS, CHEVEUX DE VÉNUS, PATTE D'ARAIGNÉE. Plante annuelle d'environ 54 centimètres. Feuillage très-finement découpé ; fleurs, une partie de l'été, d'un bleu plus ou moins foncé, entourées de petits filaments très-menus. Semis de graine en place à l'automne ou au printemps ; bonne exposition.

NIVÉOLE DE PRINTEMPS. Cette plante bulbeuse, à fleur blanche, rayée de vert, paraît dans quelques prés, dès février, sous la neige, d'où lui vient son dernier nom.

NIVÉOLE D'ÉTÉ. Tige de 45 à 55 centimètres surmontée d'un bouquet de fleurs d'un bleu pur. Toutes deux se multiplient par les caïeux levés en été, et plantés en automne en terre franche.

NOLANE. Les tiges de cette plante annuelle sont grêles et couchées. Feuillage ovale ; fleurs l'été, bleu violet, en forme de sonnettes, d'où le nom de la plante : *Nola*. Semis au printemps en bonnes terre et exposition.

ŒILLET DES FLEURISTES. — La culture, en doublant les

pétales de cette fleur, a procuré plus de trois cents variétés de diverses couleurs, franches ou mélangées. On regarde comme beau un œillet dont les pétales sans dents ou dentelés très-finement sont teints de deux, ou mieux de trois couleurs bien opposées, bien tranchées, sans s'imbiber, se confondre, se brouiller, et s'arrangent régulièrement, un peu en dôme, sans ou avec peu de secours de l'art.

L'œillet double se multiplie en juillet ou août par marcottes à languette qu'on sèvre et qu'on plante séparément en octobre ou en mars. Les variétés de médiocre mérite se plantent sur les parterres, et y réussissent, pourvu que le terrain ne soit ni trop compacte, ni trop maigre, ni trop humide. Les beaux œillets se cultivent en pots remplis de terre composée et préparée au moins une année d'avance, qui ait du corps sans être forte, et qui soit substantielle, sans être grasse. Des marcottes étant plantées, il faut porter les pots à l'ombre jusqu'à ce qu'elles soient reprises (12 ou 15 jours); ensuite les placer à une mi-ombre sur des gradins ou des planches, et non sur la terre; les préserver des grandes pluies; lorsque les gelées deviennent fortes, transporter dans un bâtiment où les œillets soient à couvert des gelées; leur donner autant d'air qu'il est possible; ne mouiller que dans le besoin; préserver de l'humidité. En mars, les tirer de la serre; les placer à une mi-ombre; les couvrir dans les temps rudes.

En septembre, ou au printemps, semez clair la graine d'œillets en terre préparée, ou en bonne terre douce; le plant ayant 9 ou 10 feuilles, repiquez-le en pépinière. L'année suivante il fleurira.

L'ŒILLET DES BOIS, plus grand que celui des fleuristes, fleurit l'hiver étant à l'abri des froids, se multiplie comme le précédent; fleurs presque toujours rouges; cependant il existe une *variété à fleurs blanches.*

ŒILLET MIGNARDISE. Grosses touffes de petites fleurs simples, plus ou moins doubles, rouge vif, roses ou blanches. Une variété tachée de pourpre se nomme *Mignardise couronnée;* une autre un peu plus grande et à fleurs rouges, *œillet de mai.* Multiplication de graines; mieux encore par l'éclat des pieds, au printemps et en automne.

ŒILLET DE POÈTE. Tiges de plus de 33 centimètres, droites, lisses ; fleurissant l'été en ombelles rouges, roses, blanches ou panachées. Semer en mars ou avril, repiquer les jeunes plants à l'abri des fortes gelées et les mettre en place au printemps suivant. On le propage encore par l'éclat des pieds. Pour l'espèce double, moins robuste que la simple, les boutures et les marcottes.

ŒILLET D'ESPAGNE. Plus grand que l'*œillet de poële* ; se multiplie de même. Ses fleurs sont plus doubles et d'un beau rouge pourpre.

ŒILLET DE LA CHINE OU DE LA RÉGENCE. Cette jolie petite plante est bisannuelle. Feuilles étroites d'un beau vert ; fleurs, en été, simples ou doubles, veloutées et brillantes. Les divers mélanges de rouge vif, de rose et de blanc, varient beaucoup. Semis en terre légère ou sur couche. Le plant, repiqué en place, doit être garanti du froid.

ŒILLET D'INDE (Grand), TAGÉTÉS ÉLEVÉ ou ROSE D'INDE. Cette plante annuelle produit des fleurs, placées aux extrémités des tiges, grandes, simples ou doubles, jaune orange ou blanches.

ŒILLET D'INDE (Petit). Cette espèce est assez semblable à la précédente, mais beaucoup moins grande ; ses fleurs sont aussi plus petites et d'un beau jaune orangé. Il en existe plusieurs variétés plus ou moins foncées et veloutées. La culture de toutes est la même. On sème au printemps sur couche, ou simplement en bonnes terre et exposition. Les jeunes plants mis en place demandent de fréquents arrosements. Des *œillets d'Inde* plantés dans un massif de *reines-marguerites* produisent un bel effet. On cultive encore le *tagétès luisant*, dont la fleur, petite et jaune, est odorante. Il est vivace et demande l'orangerie l'hiver.

OLIVIER ODORANT. Arbrisseau de 2 mètres donnant, en juillet, de petites fleurs blanches très-suaves, avec lesquelles on parfume les liqueurs, etc. On cultive dans les jardins d'autres espèces d'olivier, telles que l'*olivier d'Europe*, l'*olivier d'Amérique*, l'*olivier du Cap*, etc. Tous se multiplient de marcottes et semis comme les orangers, veulent une terre légère et l'orangerie.

ORANGER NOBLE. Culture de l'oranger ordinaire. Il existe un grand nombre de variétés et sous-variétés, parmi lesquelles il faut distinguer l'*oranger à feuilles de myrte*, charmant en arbuste. La culture de tous les orangers est la même.

ORCHIS. Plante bulbeuse originaire des prés et des bois. Il en existe un grand nombre d'espèces, dont la multiplication est facile par l'éclat des racines dans toutes sortes de terres et d'expositions. Quelques-unes seulement sont cultivées dans les jardins.

ORCHIS A DEUX FEUILLES. Fleurs blanches.

ORCHIS ODORANT. Tige de 33 centimètres; fleurs rouges, pâles et odorantes.

ORCHIS PYRAMIDAL. Fleurs purpurines qui forment une pyramide.

ORCHIS PUNAISE, *Orchis militaire*, etc. C'est avec les bulbes d'*orchis* que l'on prépare le *salep de Perse*, dont l'usage est utile dans les maladies de consomption et d'irritation.

OREILLE-D'OURS ou PRIMEVÈRE AURICULE. Il y a peu de fleurs qui aient un aussi grand nombre de variétés distinguées par les couleurs, les tons, les mélanges, les panaches. L'oreille-d'ours se multiplie par ses pieds séparés avec racines, et plantés au nord, ou presque au nord, en terre fraîche, bonne, légère; les neiges et les grandes pluies lui nuisent plus que les gelées. Les amateurs de cette plante la cultivent en petits pots remplis de bonne terre meuble préparée, qu'ils exposent au midi pendant l'hiver. Elle se multiplie aussi par les semences traitées comme les graines très-fines. Elle fleurit au printemps et en automne. On sépare les œilletons après la fleur.

ORNITHOGALE A OMBELLES, vulgairement, DAME D'ONZE HEURES, parce que ses fleurs s'ouvrent à cette heure et se ferment le soir. Oignon dont la tige ne s'élève pas au-delà de 15 centimètres. Feuilles étroites et longues; fleurs en étoile blanche et très-odorantes, qui se montrent fin du printemps.

ORNITHOGALE PYRAMIDAL, *Épi de la Vierge* ou *Bâton de Saint-Jacques*. Les tiges de celui-ci, d'environ 65 centimètres, sont terminées par des fleurs blanches, en étoiles pyramidales. La culture des deux est la même; ils sont de pleine terre, et se plantent en octobre ou novembre, dans un terrain substantiel et léger : ils peuvent y demeurer plusieurs années. C'est en juillet qu'il faut les relever. On cultive encore d'autres espèces, parmi lesquelles plusieurs demandent l'orangerie l'hiver.

L'*ornithogale* multiplie beaucoup dans une terre qui lui convient. On peut en faire d'assez jolies bordures.

OXALIDE. Plante bulbeuse donnant, d'avril en juin, de jolies fleurs de couleur différente, suivant les variétés. Terre légère, exposition abritée, couverture l'hiver ; multiplication par bulbes tous les deux ou trois ans. En pots et orangerie près du jour. Les amateurs cultivent, comme plantes d'agrément, trois ou quatre *oxalides*, originaires du Cap, et plus ou moins jolies ; elles exigent les mêmes soins que les *ixias*. Voici leurs noms : *oxalide bigarrée, oxalide pied-de-chèvre, oxalide à fleurs pourprées, oxalide traînante.*

PALIURE, PORTE-CHAPEAU, ÉPINE DE CHRIST OU ARGALOX. Cet arbrisseau, épineux et de pleine terre, forme un buisson d'environ 2 mètres, dont les tiges sont nombreuses et pliantes. Feuilles ovales, lisses, petites, pointues, et dont les pétioles sont garnis de deux aiguillons ; fleurs jaunes en grappes, petites et légèrement odorantes. Multiplication de rejetons au printemps, ou de graines semées aussitôt leur maturité dans des pots sur couche. Terre légère et fraîche ; exposition chaude ; couverture de litière l'hiver.

PARNASSIE DES MARAIS. Plante vivace qui croît dans les prairies humides, d'où on peut l'enlever en motte. Fleurs solitaires, blanches, tachées de jaune et placées à l'extrémité des tiges, qui s'élèvent à près de 30 centimètres.

PASSERINE FILIFORME, PASSERINE A GRANDES FLEURS. Arbrisseaux toujours verts qui demandent l'orangerie et se multiplient au printemps de boutures, marcottes ou rejetons sur couche chaude et sous cloche. La première produit, en juillet, des fleurs d'un jaune doré, petites et nombreuses. Les fleurs de la seconde, qui se montrent un mois avant, sont verdâtres, plus grandes, et placées à l'extrémité des rameaux.

PAVOT DES JARDINS. Plante annuelle ; fleurs solitaires, simples et plus ou moins doubles, offrant toutes les nuances, depuis le blanc pur jusqu'au rouge le plus vif et le plus foncé.

Ces fleurs, qui viennent en juin et se succèdent jusqu'à la fin de l'été, sont très-propres à la décoration des parterres et des larges plates-bandes.

Pavot-coquelicot. Indépendamment de l'espèce des champs, il existe des *coquelicots semi-doubles* et *doubles,* qui ne diffèrent des *pavots* que par leurs dimensions plus petites. Tous deux se multiplient par le semis, en octobre ou en mars; ils ne sont pas difficiles sur le choix du terrain.

On cultive encore trois espèces vivaces qui aiment une terre légère, un peu ombragée, et se propagent en automne par la séparation des œilletons enracinés ou de graines semées au printemps. Ce dernier moyen est plus long.

Pêcher. Les deux espèces suivantes doivent avoir place dans les jardins d'agrément. Elles s'écussonnent sur les mêmes sujets que les autres pêchers.

Pêcher a fleurs doubles. Feuilles vert brillant, grandes, dentelées et très-pointues; fleurs d'un beau rose, qui durent quinze à vingt jours, et disputent à celles de l'amandier l'honneur d'annoncer le retour du printemps.

Pêcher nain. Il diffère du précédent par le port et la taille. Sa tige, qui s'élève rarement à 65 cent., le rend propre à être cultivé dans des vases. Son feuillage est très-beau, et ses fleurs, roses comme les autres, sont très-rapprochées.

Pensée ou VIOLETTE TRICOLORE. Plante annuelle dont les fleurs, légèrement odorantes, veloutées, jaune d'or et violet plus ou moins foncé, se montrent presque toute l'année si, depuis avril jusqu'en août, on sème de mois en mois. Cette *pensée* et ses variétés se propagent souvent d'elles-mêmes.

Pensée vivace ou a grandes fleurs. Feuilles ovales, crenelées et pointues; fleurs dans lesquelles le jaune domine, plus grandes que celles annuelles et moins odorantes. Cette plante, plus délicate que la précédente, offre, comme elle, plusieurs variétés, qui se multiplient toutes par l'éclat des pieds en automne.

Pentapétèse ecarlate. Plante annuelle étant livrée à la pleine terre, et vivace quand elle demeure en serre chaude. Ses feuilles sont longues, lancéolées et dentées en scie; ses fleurs, petites et d'un beau rouge, paraissent en été. On la mu.tiplie, au printemps, par le semis en pots sur couche chaude. Bonnes terre et exposition.

PERCE-NEIGE. (*V. Primevère* et *Nivéole*.)

PERCE-NEIGE, *Galanthe* ou *Galanthine*. Très-petit oignon. Deux feuilles étroites ; tige de 18 centimètres, surmontée d'une fleur simple ou double, et bordée de vert ; elles se montrent dès le commencement de mars. Les caïeux, séparés tous les trois ans, en juin ou juillet, se plantent au mois d'octobre. Situation ombragée et de l'humidité.

PERCE-NEIGE ou FENOUIL-MARIN. Plante vivace et délicate qui se multiplie de graines semées sur couche en mars. Le plant, assez fort, se place dans une bonne terre au midi ; il faut les couvrir pendant les gelées.

PERSICAIRE DU LEVANT. Plante annuelle à tige de 2 ou 3 mètres, bel épi de fleurs rouges ou blanches ; semis au printemps quand elle ne se sème pas d'elle-même. La *persicaire élégante* et plusieurs autres variétés se multiplient de même.

PERVENCHE. La GRANDE PERVENCHE est une plante vivace qui pousse des tiges grêles et sarmenteuses de 65 centimètres à 1 mètre, garnies de feuilles persistantes, lisses, fermes, vert foncé et luisant en dessus, vert plus gai et moins brillant en dessous. Les fleurs, qui naissent de l'aisselle des feuilles, sont assez grandes, en entonnoir évasé, bleu tendre, blanches ou panachées.

La PETITE PERVENCHE, ainsi que ses variétés, est plus rampante que la grande. Ses feuilles sont entières, lisses, fermes et d'un brillant vert foncé ; ses fleurs bleues ne diffèrent des autres que par leurs dimensions. Elles offrent des variétés à *fleurs doubles pourpres* ou *violettes*, et à *fleurs blanches et rouges, simples* ou *doubles*. Les *pervenches* décorent très-bien les jardins ; elles se plaisent à l'ombre, fleurissent pendant près de six mois, d'avril en septembre, et ne sont pas difficiles sur le choix du terrain. Leur multiplication s'opère par le semis, plus ordinairement par la séparation des sarments enracinés. Cette opération peut se faire toute l'année, mais de préférence en automne après la fleur passée. Les amateurs cultivent encore une très-jolie plante de serre chaude connue sous le nom de *pervenche de Madagascar*, dont les fleurs offrent plusieurs variétés plus ou moins agréables.

PEUPLIER. Tous les peupliers se multiplient à l'automne et au printemps, de graines, de boutures, de marcottes ou de drageons. Les terrains humides sont ceux qu'ils préfèrent.

PEUPLIER DE LA CAROLINE. Belles et larges feuilles, dentées, lisses et d'un beau vert.

PEUPLIER SUISSE OU DE VIRGINIE. Feuilles en cœur à dent, obtuses.

PEUPLIER BAUMIER. Grand arbrisseau à feuilles allongées, dentées, d'abord d'une teinte jaune vif, ensuite vert clair, enfin vert rembruni. Même culture, exposition fraîche. Intéressant par la gomme résineuse et odorante de ses bourgeons.

PHALANGÈRE. Plante vivace et bulbeuse de la famille des asphodèles. Les plus cultivées sont les suivantes :

PHALANGÈRE LIS SAINT-BRUNO, dont la racine très-cassante a la forme d'une griffe d'asperge. La tige, de 36 à 45 centimètres, produit en juin des fleurs blanches semblables à celles des lis, mais plus petites et inodores.

PHALANGÈRE DES ALPES OU FAUX ASPHODÈLE. Tige basse, feuilles étroites et fleur verdâtre.

PHALANGÈRE BICOLORE. Feuilles longues ; fleurs petites sur une tige ramifiée, blanches intérieurement et roses à l'extérieur.

Ces trois espèces se cultivent et se multiplient de même. Terre douce et légère ; bonne exposition. Bulbes ou racines en automne, et couverture l'hiver.

PHILARIA. Arbrisseau toujours vert et de pleine terre, dont il existe trois espèces propres à l'ornement des bosquets d'hiver.

Le PHILARIA à grandes feuilles lancéolées et dentées en scie, offre des variétés à feuilles de *buis*, de *troëne* et d'*olivier*.

Le PHILARIA à moyennes feuilles ovales et très-aiguës, avec variété à feuilles de *romarin*.

Et le PHILARIA à feuilles étroites, longues et lancéolées.

Ces arbrisseaux, qui peuvent servir à former de belles palissadés, se multiplient de graines semées aussitôt leur maturité ou de marcottes faites en septembre. Les sujets qui en proviennent doivent avoir au moins quatre ans de pépinière quand on les place à demeure fixe. Les *philarias* se plaisent dans tous les sols : ils sont assez robustes ; cependant il est bon de les couvrir de litière sèche pendant les neiges et les grands froids, qui souvent leur font perdre les feuilles et les rameaux les plus tendres.

PHLOX. Plante à racine vivace, dont les fleurs, qui paraissent tout l'été, sont assez belles et disposées assez bien au froid ; ils aiment une terre meuble, fraîche et substantielle. On les multiplie par boutures en avril, et par la séparation des racines en automne, quand leurs tiges se flétrissent, ou au printemps lorsqu'elles commencent à pousser. Voici les principales variétés :

Phlox blanc. Tige de 33 centimètres ; fleurs odorantes, blanches et grandes.

Phlox de la Caroline. Plus élevé que le précédent. Feuilles luisantes et lancéolées ; fleurs lilas ou panachées de blanc.

Phlox petit ou printanier. Fleurs violettes qui paraissent avant les autres.

Phlox velu. Tiges droites de 33 centimètres ; fleurs lilas pâle.

Phlox a feuilles ovales. Fleurs grandes, solitaires et d'un très-beau rouge vif.

Phlox divariqué, *Phlox maculé* et plusieurs autres encore, parmi lesquels celui à *feuilles étroites*, espèce très-jolie, demande l'orangerie l'hiver ou de bonnes couvertures de litière. Ses fleurs sont grandes, solitaires, roses et paraissent en juin et juillet.

PIED D'ALOUETTE ou Dauphinelle des jardins. Plante moyenne annuelle, dont les feuilles sont lobées, laciniées. Sa tige et ses rameaux un peu diffus se terminent par un épi lâche de fleurs blanches, bleues, rosées, etc., doubles (on rejette les simples). Semences sur place au printemps ou à la fin de l'automne. Pieds éclatés en automne ou au printemps.

PIED D'ALOUETTE VIVACE OU DAUPHINELLE ÉLEVÉE. Plante rustique dont les tiges, velues en touffes, s'élèvent à près de 2 mètres. Feuilles palmées; grandes fleurs en pyramide, d'un bleu d'azur, en juin-juillet. Même culture que la précédente.

PISTACHIER. Il en existe plusieurs espèces dont la culture et la propagation demandent des soins assidus. Une autre espèce, connue sous le nom de PISTACHIER LENTISQUE, est un arbrisseau diffus et toujours vert qui demande l'orangerie. Ses rameaux tortueux répandent une odeur de térébenthine. Il se multiplie de marcottes au printemps, ou de semis dans des pots sur couche. Ses fleurs, pourpre clair, se montrent en mai.

PIVOINE COMMUNE OU PÉONE. Les racines vivaces de cette plante, de pleine terre, poussent des tiges de 65 centimètres garnies de feuilles portées par de gros pétioles divisés en trois petits, soutenant chacun cinq folioles qui diffèrent de port et de forme. Les fleurs, plus grosses que celles du *pavot*, sont rouge cramoisi, roses, blanches, couleur de chair, simples ou doubles; elles naissent solitaires à l'extrémité de la tige et des rameaux. Parmi les variétés doubles, celle à *fleurs cramoisies* a beaucoup plus d'éclat que les autres; par cette raison, on la cultive de préférence. Les *pivoines* prospèrent dans tous les sols, mais elles préfèrent une terre légère et profonde; elles se multiplient par la séparation des racines en automne, ou quand les feuilles se fanent. Cette opération doit être faite tous les trois ou quatre ans, pour diminuer les touffes qui deviendraient trop fortes et très-embarrassantes.

PIVOINE EN ARBRE. Petit arbuste de 60 à 90 centimètres. Originaire de Chine. En juin, grandes fleurs d'un beau rose. Se multiplie de rejetons, marcottes et boutures. Pleine terre franche mêlée de terre de bruyère. Couvrir avec de la litière dans les grands froids. Nombreuses variétés à grandes fleurs doubles de diverses nuances; elles se greffent sur les tubercules de la pivoine commune. Variété à *fleurs pourpres* qui répandent une douce odeur d'essence de roses.

POIRIER. Plusieurs espèces, telles que le *poirier coton.*

neux, le *poirier biflore*, le *poirier à fleurs doubles*, le *poirier à feuilles panachées*, *etc.*, sont admises comme plantes d'ornement. Ils se multiplient de marcottes, drageons ou greffes. La culture est celle du poirier ordinaire.

POIS GOULU. On cultive, comme plante d'agrément, une variété de ce pois, dont les fleurs sont d'une belle couleur pourpre.

POIS DE SENTEUR ou A ODEUR, Gesse odorante. Il est trop connu pour qu'il soit besoin de le décrire. On le sème chaque année, au mois de mars, dans une terre légère : il a besoin d'appui.

POMMIER. On admet, comme plantes d'ornement, le *pommier à fleurs doubles*, le *pommier odorant*, le *pommier toujours vert*, le *pommier à petits fruits*, le *pommier bacifère* ou *pommier de Sibérie*, dont les fleurs répandent une odeur très-agréable. Ces six espèces se greffent sur *franc* ou sur *doucin*, selon que l'on désire avoir des arbres plus ou moins grands. Culture du pommier ordinaire.

POPULAGE, Souci des marais. Plante vivace dont les tiges herbacées ne s'élèvent pas à plus de 33 centimètres. Feuilles vert foncé luisant; fleurs jaune vif, simples ou doubles, assez semblables au *bouton d'or*. Éclats de racines en octobre, en terre humide et bonne.

POTENTILLE EN ARBRE ou QUINTE-FEUILLE. Cet arbuste, d'un mètre à un mètre 33 centimètres, produit, une partie de l'été, des fleurs d'un beau jaune, en bouquets placés à l'extrémité des rameaux, qui sont garnis de feuilles à sept folioles étroites et pointues. Il fournit des drageons qui servent à le multiplier, les graines mûrissant rarement. Terre substantielle et demi-soleil.

PRIMEVÈRE commune. Plante dont il existe un très-grand nombre de variétés à fleurs simples ou doubles. Quelques-unes sont fort recherchées des amateurs. On en fait de jolies plates-bandes au nord et au nord-est d'un parterre. Elles se multiplient de semis en automne en pleine terre ou en terrine. Terre franche, légère et ombragée.

Primevère auricule ou *Oreille d'ours*, variété qui se sème de décembre en mars, en terre de bruyère, en terrine, au

levant. On repique quand le plant a cinq ou six feuilles, en terrine ou en plates-bandes. L'année suivante, on met en pots
de 15 centimètres. On peut encore mettre les plants en pleine
terre pour les replacer en pots au printemps. Garantir du
froid. Très-peu d'arrosement. Voyez OREILLE D'OURS.

PROTÉE. Bel arbrisseau originaire du Cap, s'élevant de 2
à 4 mètres. Il existe un grand nombre de variétés à feuilles
et fleurs très-variées. Multiplication de graines, marcottes et
boutures. Terre de bruyère ou terre franche, légère, mêlée
de terreau. Serre tempérée ou bâche.

PRUNIER. On admet dans les jardins d'agrément le *prunier à fleurs doubles* et le *perdrigon à feuilles panachées*,
qui se greffent et se cultivent comme les autres; le *prunier
chicasaw* (*prunus chicasa*), arbuste de la Caroline: fleurs
réunies deux à deux en avril; fruits jaunes; multiplication de
semis et de rejetons; le *prunier couché* (*prostrata*) de Crète,
charmant arbuste dont les branches, étalées sur la terre, se
couvrent à la fin d'avril de nombreuses fleurs d'un joli rouge;
multiplication de rejets; et le *prunier épineux à fleurs doubles* (*spinosus flore pleno*). C'est encore un joli arbuste;
multiplication de greffe sur épine noire commune.

PULMONAIRE. On cultive sous ce nom deux plantes rustiques et vivaces par leurs racines : la *pulmonaire de Virginie* et celle *de Sibérie*, qui se multiplient par le semis au
printemps, ou par l'éclat des pieds en automne. Les tiges de
la première s'étendent à 66 centimètres; ses feuilles sont lancéolées, et ses fleurs bleues, blanches ou rouges, et pendantes
en bouquets. La seconde diffère peu de celle-ci; elle a les
feuilles en cœur, larges et glauques, et les fleurs petites,
bleues et disposées en grappes assez jolies.

RENONCULE. Plante basse, vivace par ses racines digitées
ou griffes. Ses tiges, rameuses, portent de belles fleurs terminales, doubles (les simples sont rejetées) qu'on cultive peu,
parce qu'elles sont sujettes à dégénérer, ou semi-doubles,
qui sont préférées, parce qu'elles ne dégénèrent point, qu'elles
offrent un plus grand nombre de variétés de couleurs, dont les
noires et les plus rembrunies sont les plus estimées, et
qu'elles donnent un plus grand nombre de fleurs.

Depuis que les graines de semi-doubles sont mûres jusqu'à la mi-août, labourez et dressez un terrain doux, léger, gras (ou moins bien, remplissez de pareil terrain des caisses ou des terrines) à l'exposition du levant ou du couchant; donnez une bonne mouillure, répandez la semence; tamisez dessus un peu de terre, ou de terreau fin; couvrez de paillassons qui ne touchent point à la terre, ou de 54 mill. de mousse, au travers desquels vous donnerez de légers arrosements, jusqu'à ce que la graine commence à lever; alors retirez les couvertures; défendez du soleil le plant naissant; couvrez-le dans les grands froids. Au printemps, déplantez les jeunes griffes ou *pois*, conservez-les en sec; replantez-les de septembre en novembre, à 27 millimètres de profondeur; défendez-les des fortes gelées; déplantez-les au printemps; elles seront formées... Si vous semez la graine en mars sous cloches ou châssis couverts de treillis ou de paillassons légers, en pots enfoncés dans une couche fort tempérée, ou sur la couche même chargée de 10 centimètres de bonne terre, la plupart des griffes se formeront assez pour fleurir au printemps suivant. La renoncule se multiplie aussi par ses griffes.

Cette plante veut une terre douce, légère, grasse et bonne. Il faut en substituer une de cette qualité aux terrains glaiseux, argileux, pourrissants, qui ne peuvent se corriger. En octobre ou novembre, dressez un terrain bien exposé (le mieux au levant); élevez-le un peu; tracez des rayons distants de 10 centimètres ou 10 centimètres 35 millimètres; saisissez les griffes avec l'extrémité de vos cinq doigts; enfoncez-les d'environ 45 millimètres; mettez 10 centimètres ou 10 centimètres 35 millimètres d'intervalle; recouvrez en passant le râteau fin; il serait bon de jeter sur la planche 27 millimètres de gros terreau, ou de paille brisée; couvrez de paille ou de paillassons pendant les fortes gelées.

Au printemps, mouillez modérément avant et pendant la floraison. Avec une toile étendue pendant le jour, défendez les fleurs du soleil qui les ferait bientôt passer et en ternirait l'éclat. Lorsque les feuilles deviennent jaunes, coupez les tiges porte-graines; exposez-les au soleil quelques jours; ramassez-les en lieu sec. Déplantez les griffes; séparez les

caïeux; nettoyez, exposez quelques jours à l'air à l'ombre ;
ramassez sèchement; conservez-les un an ou même deux,
sans les replanter, si vous êtes assez riche pour leur donner
ce repos. On peut planter en pots (de trois à six griffes en
chacun) les variétés précieuses, et celles dont on veut avancer
ou retarder la fleur.

RÉSÉDA ODORANT. Plante au parfum d'ambroisie. Le *réséda*
livré à la pleine terre est annuel; mais il peut devenir li-
gneux, former un joli petit arbuste, et durer plusieurs années, si on a soin de le rentrer l'hiver en orangerie et de
couper les branches inférieures. Il ne se multiplie que par ses
graines, que l'on sème au printemps en terre légère et à
bonne exposition. Tous les terrains ne sont pas en posses-
sion de le produire. Il vient de lui-même dans ceux qui lui
plaisent.

RHODODENDRON D'AMÉRIQUE. Arbrisseau très-joli, de
2 mètres de hauteur, dont les feuilles, luisantes, ovales et
persistantes, ressemblent à celles du *laurier-cerise*. Ses fleurs
sont grandes, belles, disposées en entonnoir et par bouquets
roses, rouges ou blanches suivant la variété. Terre de bruyère
humide et mi-soleil. Semis en terrines aussitôt la maturité
des graines. Rejetons ou marcottes avec du jeune bois.

RHODODENDRON FERRUGINEUX, *petit laurier-rose des Alpes*.

RHODODENDRON PONTIQUE OU A FLEURS VIOLETTES.

RHODODENDRON VELU. Rameaux nombreux et rampants.

RHODODENDRON PONCTUÉ. Rameaux teints de rouge et ponc-
tués de jaune dans leur jeunesse.

RHODODENDRON A FLEURS JAUNES et plusieurs autres plus ou
moins grands. Tous très-beaux; ils se multiplient et se cultivent comme les premiers.

RHODORE DU CANADA. Arbuste formant buisson, dont
les fleurs, en faisceaux au bout des rameaux, se montrent
avant le développement des feuilles; elles sont pourprées et
répandent l'agréable odeur de la *rose*. Le *rhodore* se multiplie, au printemps, de marcottes ou de graines semées en
terre de bruyère aussitôt leur maturité.

RICIN. Cette plante, plus connue sous le nom de *Palma
Christi*, n'est cultivée que pour la beauté de son feuillage;

elle est annuelle dans nos jardins, et dure plusieurs années si on la rentre en serre chaude. Semis sur couche au printemps : le jeune plant se repique, quand les gelées sont passées, en terre substantielle et bien exposée.

ROBINIER. Arbrisseau dont il existe un grand nombre d'espèces qui se reproduisent par le semis, les drageons, et, s'il est nécessaire, par les marcottes et la greffe. .

ROMARIN. Arbuste aromatique, toujours vert, qui ne s'élève pas à plus de 1 mètre 33 centimètres. Feuilles nombreuses, très-étroites, blanchâtres et repliées par les bords en dehors. Ses fleurs, d'un bleu pâle, paraissent de mars en mai. Deux variétés, *à feuilles panachées de jaune* et de *blanc*, demandent l'orangerie l'hiver; elles se multiplient toutes trois, au printemps, de marcottes, de boutures ou de pieds éclatés. Terre ordinaire, plus légère qu'autrement.

RONCE. Arbrisseau dont les longs sarments anguleux rampent ou grimpent sur les arbres et dans les buissons. Sa variété à *fleurs doubles* et *blanches* peut être admise dans les jardins d'agrément, de même que la *ronce à feuilles panachées* et *celle sans épine.*

La RONCE ODORANTE ou FRAMBOISIER DU CANADA donne des fleurs grandes et roses qui répandent une odeur agréable. Les amateurs cultivent encore plusieurs espèces plus ou moins grandes et jolies, qui demandent une terre à oranger et la serre tempérée l'hiver. Toutes les *ronces* se multiplient, au printemps, de marcottes et de drageons.

ROSIER. Il existe beaucoup d'espèces de *rosiers*, et de ces espèces un grand nombre de variétés.

ROSIER A CENT FEUILLES. Fleurs d'un rose vif ayant très-bonne odeur.

ROSIER A CENT FEUILLES. Fleurs semi-doubles.

ROSIER. Fleurs dites des peintres.

ROSIER MOUSSEUX, à cause d'une espèce de mousse qui entoure les pédoncules et les rameaux. Fleurs comme les précédentes, simples ou doubles. Trois autres *à fleurs blanches*, *couleur de chair* et *panachées.*

ROSIER UNIQUE. Fleurs d'un beau blanc; boutons teints de rouge.

ROSE VILMORIN. Couleur de chair transparente.

Rosier de Bourgogne ou Petit pompon. Fleur d'un rose clair en mai. Variétés. Fleurs rouge vif, blanches et pourprées.

Rosier des quatre saisons. Fleurit en mai, juin, septembre et octobre.

Rosier de tous les mois. Presque toujours en fleurs.

Rosier de Francfort. Fleurs roses peu odorantes.

Rosier blanc. Très épineux ; fleurs doubles qui répandent une odeur suave.

Variétés.

Rosier couleur de chair, dit *cuisse de nymphe*; la *rose royale, couleur de chair rosé, la rose à cœur vert, etc.*

Rosier muscade. Petite fleur d'un bleu sale. Odeur musquée.

Rosier jaune. Plusieurs espèces et variétés. Fleurs en juin et juillet, rarement bien développées.

Rosier cannelle ou Rose de mai. Fleurs rouge foncé, odeur de cannelle.

Rosier a feuilles de Pimpernelle. Fleurs doubles, blanches et roses.

Rosier de la Caroline. Fleurs semi-doubles et doubles peu odorantes.

Rosier de Provence. Fleurs d'un beau rouge cramoisi et velouté. Beaucoup de variétés.

Rosier de Meaux. Fleurs rouges ayant peu d'odeur.

Rosier a feuilles de chanvre. Fleurs blanches.

Rosier a feuilles de groseillier. Fleurs rouges.

Rosier sans épines. Fleurs roses.

Rosier capucine. Fleurs presque simples, d'un rouge orange. Ce dernier est une variété du *rosier jaune*.

Rosier de Provins. Fleurs simples, semi-doubles et doubles, roses, rouges et plus ou moins foncées de cramoisi ou de noir. Veloutées ou panachées. Dans cette espèce, les variétés sont nombreuses.

Rosier du Bengale. Il est aujourd'hui très-répandu. C'est de tous les *rosiers* celui que l'on cultive le plus dans des pots, quoiqu'il supporte assez bien la pleine terre. Fleurs d'un beau rose, plus ou moins doubles et peu odorantes. Variétés *à fleurs blanches* et *cramoisi foncé*.

Rosier sauvage ou des haies, *Églantier.* \Tiges épineuses et très-fortes. Fleurs rose pâle et simples.

Il existe encore deux autres *églantiers* à feuilles odorantes; mais on préfère celui-ci pour la greffe de tous les *rosiers*, qui se fait en fente ou en écusson.

Les *rosiers* sont généralement peu sensibles au froid. Ils aiment une bonne terre, et se multiplient facilement par boutures, marcottes ou éclats des pieds. Ceux qui fleurissent les premiers sont ordinairement taillés en automne, et les moins hâtifs au printemps. Le *rosier jaune* ne doit pas l'être; le bois mort est tout ce qu'il faut ôter. La taille se renouvelle au *rosier de tous les mois* après les fleurs, pour en faire pousser de nouvelles. Par la même raison, celles du *Bengale* doivent être soigneusement coupées dès qu'elles défleurissent. Pour faire éclore des roses dans l'arrière saison, on coupe les têtes des rosiers après la floraison, on enlève les boutons de roses lorsqu'ils viennent de se former; les branches latérales produiront en automne. Découvrez les racines vers Noël; la séve se trouvera arrêtée dans son mouvement ascendant; recouvrez les racines de terre, et la sève reprendra son cours, mais plus promptement. Entourez de ficelle le corps ou la tige d'un rosier, la séve, resserrée, ne pourra pénétrer l'écorce de l'arbre, qui se couvrira plus tard de feuilles et de fleurs.

Parmi les nombreuses espèces et variétés de rosiers, nous n'avons cité que les principales, attendu qu'il n'y a qu'un très-petit nombre d'amateurs cultivant la collection entière, composée de plus de 200, dont plusieurs demandent l'orangerie. Le semis est quelquefois employé. Les graines, mises en serre aussitôt leur maturité, lèvent au printemps ou l'année suivante.

RUDBECKIA. On cultive sous ce nom plusieurs plantes vivaces, qui se multiplient, au printemps, par l'éclat des racines, ou par le semis en terre légère et bonne.

Le Rudbeckia ailé. Tiges d'environ 1 mètre, cylindriques et garnies de poils. Fleurs radiées, solitaires et jaune doré.

Le Rudbeckia pourpre. De même hauteur. Feuilles lancéolées et lisses; fleurs l'été, grandes, à rayons pourpre-rose et à disque brun.

Le Rudbeckia lacinié. Il s'élève à près de 2 mètres 65 cent. Feuilles d'un beau vert foncé ; fleurs larges, jaunes et placées, comme les autres à l'extrémité des tiges.

Le Rudbeckia velu. Les feuilles sont oblongues, dentées et duveteuses. Ce dernier est encore connu sous le nom d'*Obéliscaire*. Ses fleurs jaunes diffèrent peu des autres.

SAFRAN, *crocus*. Plante bulbeuse, qui se multiplie par ses caïeux en terre sèche et légère. Feuilles longues, étroites, épaisses, vert foncé et douces au toucher. Du milieu d'une fleur bleue, mêlée de rouge et de purpurin, il naît une espèce de houppe qui se réduit en filaments rouges et d'une odeur agréable. Cette houppe, séchée, est le safran dont nous nous servons dans les aliments, en médecine et à beaucoup d'autres usages.

SAINFOIN D'ESPAGNE. Plante trisannuelle ou vivace, d'environ 1 mètre, dont les fleurs, qui paraissent l'été, sont rouges ou blanches, d'une assez bonne odeur et disposées en épis à l'extrémité des tiges. Semis au printemps dans une terre légère, et mieux dans du terreau. La plante, repiquée à part et mise en place en automne, fleurit l'année suivante. Il est bon de la garantir des grands froids.

Le Sainfoin animé est une plante qui ne doit pas quitter la serre chaude. Le *Sainfoin capité*, originaire de Barbarie, se sème sur couche pour l'avancer et se replante en terre ordinaire. Fleurs roses en juillet et octobre.

La graine de *sainfoin*, cultivé dans les champs, est une bonne nourriture pour les poules, qu'elle fait pondre plus souvent.

SALPIGLOSSE sinuée. Plante vivace, ou bisannuelle, de 50 cent., donnant en juillet et août de belles fleurs striées et nuancées de blanc, de jaune, de violet et de pourpre. Semis en terre légère. Il existe plusieurs variétés, dont une à fleurs d'un jaune uni sans aucune nervure. Leur culture est la même. Ces plantes sont originaires du Chili.

SANTOLINE ou PETIT CYPRÈS. Très-petit arbuste aromatique, en buisson, à feuilles persistantes, cotonneuses,

blanches en dessous et assez semblables à celles du *cyprès;*
fleurs jaunes, solitaires et d'une odeur forte. La *santoline*
aime une terre pierreuse; elle se plaît partout et se multiplie,
au printemps, de marcottes, de boutures ou par l'éclat des
pieds.

SAPONAIRE. Plante de 1 mètre, et très-rustique, qui se
multiplie souvent d'elle-même, et que l'on peut propager par
les traces ou les pieds éclatés en automne. On ne cultive que
la variété à fleurs doubles incarnates et légèrement odorantes; elles ont la forme d'un petit œillet.

SAUGE (Grande et petite). Plante vivace, de 35 à 40 centimètres, qui se multiplie par l'éclat des pieds en automne.
On la cultive à cause de ses propriétés en médecine. Les trois
espèces suivantes sont cultivées comme plantes d'agrément :

Sauge ormin. Assez rustique et annuelle.

Sauge argentée. Bisannuelle.

Sauge bicolore. Moins rustique que les deux autres; il faut
la couvrir l'hiver ou la rentrer en orangerie.

On cultive encore des *sauges arbrisseaux* plus ou moins
grands, parmi lesquels plusieurs sont d'orangerie. Les deux
suivants peuvent demeurer en pleine terre, et se multiplier
de boutures l'été, ou de graines sur couche au printemps.

Sauge cardinale. Tiges quadrangulaires d'environ 1 mètre
33 cent.; feuilles persistantes, douces et velues.

Sauge élégante. Ce joli arbuste est plus petit que le précédent. Feuilles d'un beau vert, larges, fermes et pointues.
Fleurs nombreuses, grandes et bel écarlate; elle se montrent
une partie de l'année comme celles de la *cardinale.*

SAXIFRAGE. Plante vivace dont il y a plusieurs espèces,
qui viennent dans toutes sortes de terres, ne craignent pas
les gelées et se multiplient par les traces ou l'éclat des pieds.

Saxifrage de Sibérie. Une des plus jolies. Ses feuilles sont
larges, épaisses, lisses, persistantes et d'un beau vert; fleurs,
fin de mars ou commencement d'avril, en grappes roses sur
des tiges de 33 centimètres.

Saxifrage pyramidale ou Sédum pyramidal des jardins.
Tige d'environ 65 centim., à rameaux nombreux; feuilles

persistantes, dentelées, longues et d'un vert blanc ; fleurs en mai et juin, petites, blanches et très-jolies.

Voici les noms de quelques autres espèces :

SAXIFRAGE COTYLÉDONE.

SAXIFRAGE RÉNIFORME.

SAXIFRAGE OMBREUSE, *Mignonnette* ou *Amourette*. On peut en faire des bordures assez jolies.

SAXIFRAGE GRANULÉE. Grandes fleurs blanches, simples ou doubles.

SAXIFRAGE VELUE. Fleurs blanches marquées de petits points rouges.

SCABIEUSE DES JARDINS. Plante bisannuelle, tige d'environ 65 centimètres, se terminant de même que les rameaux par de longs pédicules portant chacun une fleur assez large, d'un violet cramoisi, velouté, foncé, qui s'éclaircit dans les fleurs de l'arrière-saison ; car la scabieuse en donne depuis juin jusqu'en octobre ; on la sème en automne ou au printemps, mieux en place qu'autrement.

SCABIEUSE ÉTOILÉE. Annuelle, fleurs blanches ; culture de la précédente.

SCABIEUSE DES ALPES. Plante de plus d'un mètre 65 centimètres ; vivace ; se multiplie par l'éclat des racines. Fleurs jaunâtres, à têtes arrondies.

SCABIEUSE DU CAUCASE. Vivace et très-belle ; même multiplication.

SCABIEUSE DES BOIS, etc.

SCEAU-DE-SALOMON. Plante vivace de la famille du *muguet*. Petites fleurs blanches, solitaires ou deux à deux, composées comme celles du *muguet*. L'espèce à *fleurs simples* croît dans les bois. On cultive dans les jardins la variété à *fleurs doubles,* qui se multiplie par la séparation des racines en terre légère, humide et ombragée.

SCILLE AGRÉABLE, JACINTHE ÉTOILÉE OU DE MAI. Oignon assez rustique que l'on plante en octobre ou novembre, à 9 centimètres de profondeur, dans une terre légère, meuble et non fumée. Il pousse de longues feuilles, planes et molles ; sa tige, de 18 à 24 cent., donne, à son extrémité, un épi de fleurs d'un beau bleu. On le multiplie de graines ou de caïeux séparés, quand on relève l'oignon, en juillet, par un temps sec.

Le *scille* offre plus de quinze espèces et variétés; nous ne citerons que les trois suivantes :

SCILLE D'ITALIE OU LIS-JACINTHE DES JARDINIERS, qui se cultive et multiplie comme le précédent. Feuilles en gouttières; jolies fleurs bleues en épi et d'une odeur assez douce.

SCILLE MARITIME. Oignon très-gros. Feuilles longues; fleurs nombreuses et petites.

SCILLE OU JACINTHE DU PÉROU. Feuilles longues, larges et pointues; fleurs en mai, bleues, nombreuses et en épi pyramidal. Ces deux derniers sont d'orangerie.

SCORPIONE, MYOSOTIS, VERGISSMEIN NICHT, OREILLE DE SOURIS, SOUVENEZ-VOUS DE MOI. Petite plante vivace qui devrait toujours être placée dans un coin humide de nos jardins. Epis de jolies petites fleurs d'un bleu céleste, ponctuées de jaune, qui commencent à paraître en avril et se succèdent pendant quatre mois. Séparation des pieds.

SCROFULAIRE (Petite), ou CHÉLIDOINE. Petite plante qui croît sans culture dans les lieux humides et marécageux. Ses feuilles, mêlées avec celles du *séné,* enlèvent, à la décoction de ces dernières, le mauvais goût qui la caractérise, sans altérer en rien ses propriétés purgatives.

SEDON. On cultive, sous ce nom, plusieurs plantes vivaces, parmi lesquelles nous citerons seulement le SEDON ODORANT et le SEDON ORPIN OU REPRISE, parce qu'on attribue à ses feuilles la vertu de faire reprendre les coupures, étant appliquées dessus. Les racines du premier répandent une odeur de rose. Ses tiges s'élèvent à moins de 33 cent. ; ses feuilles sont dentées, épaisses et oblongues, et ses fleurs roses, en bouquet serré. La variété du *sedon orpin,* à fleurs d'un rouge éclatant, est la seule cultivée; ses tiges, cylindriques, s'élèvent à plus de 65 cent., et sont terminées par les fleurs, qui se montrent en juillet et août. Ces deux plantes se multiplient de boutures et par l'éclat des pieds, en février ou mars, dans une terre sableuse et bien exposée.

SÉNEÇON ROUGE ou D'AFRIQUE. Il ressemble au *séneçon commun,* mais il est beaucoup plus élevé. Sa tige est plus forte, et sa fleur, plus grande, d'un beau rouge cramoisi avec un disque jaune. Cette belle plante annuelle se propage par le semis au printemps, en bonne terre ou sur couche ; elle se sème souvent elle-même. Sa variété, à fleurs doubles, blanches, roses ou pourpres, se cultive de même que la *capucine à fleurs doubles.*

SENSITIVE ou Acacie pudique. Tige de 60 à 65 cent. Propagation de semis, au printemps, en mettant une graine dans un pot placé sur couche chaude et vitrée. Les feuilles de ce petit et curieux arbuste se contractent au moindre attouchement.

SILÈNE A BOUQUETS. Plante annuelle à tige de plus de 33 centimètres, à feuilles très-larges et lisses, et à fleurs roses, rouges ou blanches, qui se montrent une partie de l'été.

Silène a cinq taches. Plante annuelle comme la précédente, et remarquable par ses jolies fleurs en épi d'un seul côté, dont les cinq pétales blancs sont marqués d'une tache rouge.

Ces deux *silènes* se multiplient facilement par le semis, au printemps, en terre légère et douce.

Le *silène à fleurs roses* et le *silène attrape-mouche,* sont aussi annuels, et se propagent comme les deux autres.

Le *silène de Virginie* est vivace, et le *silène à odeur de tagétès* trisannuel. Ce dernier demande l'orangerie.

SOLDANELLE des Alpes. Très-jolie plante à fleurs violettes ou blanches en entonnoir. Multiplication de graines en pleine terre ou en orangerie.

SOLEIL ou Tournesol. Plante annuelle originaire du Pérou. Tige de 2 à 3 mètres ; fleurs radiées d'un beau jaune, simples ou doubles, toujours inclinées vers le soleil. Semis au printemps, sur couche ou en place, dans toutes sortes de terre.

Soleil vivace. Fleurs simples, semi-doubles. Plusieurs tiges moins élevées que celle du Soleil annuel. Eclat des racines en automne ou au printemps.

SOPHORA DU JAPON. Cet arbre, de moyenne taille, peut se multiplier, au printemps, par le semis, les marcottes et les jets enracinés. Il vient dans toutes sortes de terres ; mais il demande une bonne exposition, et d'être préservé du froid dans sa jeunesse. Ses fleurs, en grappes blanc sale, et nombreuses, sont tellement recherchées par les abeilles, que souvent l'arbre en est entièrement couvert.

Le Sophora soyeux, le doré, celui du Cap et plusieurs autres, sont des arbustes qui demandent l'orangerie ou la serre chaude. Ils se propagent de graines ou de marcottes comme le *sophora du Japon*.

SORBIER des oiseaux, Arbre aux grives, Bransier. Arbre de moyenne grandeur; forme régulière, aspect gracieux. En mai, fleurs blanches et légèrement odorantes. Elles font place à des baies d'un beau rouge qui décorent très-bien l'arbre et servent d'affût ponr prendre les grives, qui en sont très-friandes.

Sorbier domestique ou Cormier. Beaucoup plus élevé que le précédent. Ses fruits, d'un rouge jaunâtre, et en forme de poire, se nomment *cormes*. Ces deux sorbiers, de même que le *sorbier hybride* et le *sorbier d'Amérique*, se multiplient de graines; mais la multiplication est plus prompte par la greffe en écusson à œil dormant sur le coignassier, l'aubépine et le poirier franc.

SOUCI. Le *souci* offre deux variétés, qui ne diffèrent entre elles que par la taille de la plante, le nombre des pétales et la couleur jaune plus ou moins foncée des fleurs. L'une est le *souci des jardins*, et l'autre le *souci de la reine* ou *souci anémone*.

Souci pluvial. *Hygromètre. Emblème du présage.* Faibles tiges, terminées tout l'été par des fleurs radiées, grandes, blanches dessus et d'une teinte violette dessous; elles s'ouvrent à sept heures, et se ferment à quatre si le temps est beau. Quand elles restent fermées le matin, il pleut dans la journée : elles n'annoncent pas les pluies d'orage.

On peut facilement multiplier les *soucis* par les semis, qui se font, au printemps, en place ou sur une vieille couche, pour repiquer ensuite.

SPIGÉLIE DU MARYLAND. Les tiges quadrangulaires et herbacées de cette plante à racines vivaces s'élèvent à environ 33 cent. Feuilles ovales, oblongues et aiguës; fleurs en épi, rouges à l'extérieur et jaunes intérieurement : elles se montrent en juin, et répandent une légère odeur. Semis ou éclat des pieds. Mi-soleil et terre de bruyère souvent arrosée.

SPIRÉE. On cultive sous ce nom plusieurs plantes vivaces qui se multiplient par la séparation des pieds en automne ou au printemps, et quelques arbrisseaux assez jolis que l'on peut propager par semences en mars ; marcottes et rejetons en septembre et octobre.

Plantes d'agrément.

SPIRÉE ULMAIRE, *Reine des Prés*. Tiges d'environ 1 mètre, petites fleurs blanches en épi, simples ou doubles.

SPIRÉE FILIPENDULE. Jolies petites fleurs blanches, portées par de faibles tiges de 50 à 60 centimètres.

SPIRÉE A FEUILLES LOBÉES, *Reine des Prés du Canada*. Fleurs rouges, petites et odorantes.

SPIRÉE BARBE DE BOUC. Plus élevée que les précédentes. Fleurs comme elles en juin et juillet, petites, blanches, et en grappes à l'extrémité des tiges.

Arbrisseaux.

SPIRÉE A FEUILLES DE MILLEPERTUIS OU MILLEPERTUIS EN ARBRISSEAU. Il n'a de ressemblance avec le vrai millepertuis que par la forme de ses feuilles vertes, lisses et s'élargissant vers les extrémités ; ses rameaux, nombreux et menus, se garnissent, en mai, de petites fleurs blanches disposées en ombelles.

SPIRÉE A FEUILLES DE SAULE. Cet arbrisseau, un peu moins élevé que le précédent, compose un joli buisson pyramidal. Feuilles assez larges à leur base, longues, pointues et d'un vert gai ; fleurs couleur de chair plus ou moins foncée, en bouquets ou épis au sommet des rameaux. Elles se montrent en juin, et durent plus d'un mois.

Ces *spirées* et plusieurs autres sont propres à la décoration des bosquets de printemps et d'été.

SPRINGÉLIE ÉTOILÉE. Très-joli petit arbrisseau d'orangerie, qui se multiplie, au printemps, par semences et boutures, et dont la culture est la même que celle des bruyères. Il produit des fleurs roses en étoiles, qui se conservent belles presque tout l'été.

STAPHILIER ou FAUX PISTACHIER. Cet arbrisseau, en buisson de plus de 4 mètres, peu difficile sur le choix de l'exposition et du terrain, se multiplie par le semis et les drageons enracinés. On fait des chapelets avec ses graines : c'est à cause de cela, sans doute, qu'on le nomme *Patenôtrier*.

STATICÉ ou GAZON D'OLYMPE. Petite plante vivace propre à faire d'assez jolies bordures. Ses feuilles ressemblent au gazon, et ses fleurs, blanches, roses ou rouges, se montrent aux extrémités des tiges plus ou moins élevées, mais jamais au delà de 25 à 30 centimètres.

On cultive encore plusieurs *staticés* vivaces, qui se multiplient, comme la première, par la séparation des pieds ou par le semis.

La STATICÉE CRÉPUE demande l'orangerie l'hiver; elle est jolie. Feuilles petites, crispées, dentées et répandues sur terre ou placées en partie le long des tiges de 45 à 55 centimètres. Fleurs violet tendre, en bouquets ou petites aigrettes paraissant tout l'été.

STRUTHIOLE. On cultive, sous ce nom, trois jolis petits arbustes d'orangerie dont la culture exige quelques soins. Ils demandent la terre de bruyère, et se multiplient, en mars ou avril, par boutures faites en pots sur couche chaude et vitrée.

STRUTHIOLE IMBRIQUÉE. Ses tiges, d'environ 1 mètre, sont pour ainsi dire cachées par de très-petites feuilles. Ses fleurs, odorantes et blanches, se montrent au printemps et à l'automne.

STRUTHIOLE CILICÉE. Fleurs rouges et blanches en mai.

STRUTHIOLE A FLEURS DE MYRTE. Fleurs, tout le printemps, blanches, plus grandes et très-odorantes.

SUMAC. Arbrisseau dont la hauteur excède rarement 2 mètres 65 cen; ses rameaux sont souples et couverts d'un duvet roussâtre. Les *sumacs*, qui offrent plus de douze variétés, se multiplient par les traces, viennent dans tous les terrains, aiment le soleil, et sont presque toujours tortus et sans régularité. Nous ne citerons que les deux suivants ;

Sumac des corroyeurs. Très-petites fleurs verdâtres et sans apparence.

Sumac du Canada et Sumac de Virginie. A peu près semblables : ils donnent des fleurs rouges en panicules très-serrées.

SUREAU. Indépendamment de l'espèce commune qui croît dans les haies, on cultive encore :

Le Sureau du Canada ou de tous les mois, dont les fleurs se succèdent plus longtemps que dans l'espèce ordinaire, et le sureau a grappes donnant de jolies baies rouges d'un très-bon effet. Tous trois se multiplient facilement de boutures, de rejetons ou par la greffe en fente ; ils ne sont pas difficiles sur le choix du terrain.

SYRINGA. Cet arbrisseau, de moyenne hauteur et très-touffu, buissonne aisément ; ses tiges se chargent d'une infinité de petites branches garnies de feuilles rudes et teintes en dessus d'un vert foncé qui pâlit en dessous. Fleurs en juin et juillet, blanches et par bouquets, répandant une odeur de fleur d'oranger assez agréable de loin, mais si forte de près, que bien des personnes ont peine à la supporter longtemps. On cultive encore un *syringa* qui ne diffère du précédent que par sa taille plus élevée. Ses fleurs sont aussi plus grandes et inodores. La multiplication de ces deux espèces est très-facile par les drageons enracinés. Tout terrain et toute exposition leur conviennent.

TAMARIS DE NARBONNE, de 2 mètres 65 à 3 mètres 30 centimètres, dont les branches, souples et pendantes, se garnissent de rameaux grêles, qui portent de petites feuilles en partie persistantes, assez semblables à celles de la bruyère. Fleurs, blanc-rose, en épis légers, à l'extrémité des branches et des rameaux.

Le Tamaris d'Allemagne a les feuilles doubles de grandeur, moins pointues, et d'un vert tirant sur le bleu. Ses fleurs, disposées comme les autres, sont beaucoup plus grandes, un peu odorantes et d'une couleur foncée.

Les *tamaris* aiment les terrains humides, le voisinage des ruisseaux et des fontaines. Ils se propagent, au printemps, de marcottes ou de boutures, qui, avant d'être mises en place, doivent demeurer au moins deux ans en pépinière ou en orangerie.

TANAISIE, Baume, Menthe-Coq ou Coq des jardins. Plante aromatique dont quelques personnes font usage dans les salades, mêlée avec d'autres fournitures. Elle se multiplie de drageons au printemps. La *tanaisie*, qui croît sans culture le long des chemins, dans les haies et dans les jardins, offre une variété *à feuilles frisées*, plus grande et jolie.

THÉ BOU. Petit arbrisseau d'orangerie ; fleurs blanches nombreuses, solitaires ou réunies. Ses feuilles servent à faire le *thé*. Semis, boutures, marcottes ou rejetons sur couche vitrée au printemps.

THLASPI. Plante dont il existe deux espèces, l'une annuelle et l'autre vivace. Cette dernière offre plusieurs variétés, parmi lesquelles une blanche fleurit en octobre, dure l'hiver, et reste encore en fleurs une partie du printemps. Elle doit être mise en pot et tenue en orangerie pendant les gelées.

Thlaspi annuel. Tige qui ne s'élève pas à plus de 33 centimètres. Feuilles oblongues et dentées au sommet ; fleurs en ombelles, rougeâtres, blanches ou violettes. Il se sème, au printemps, souvent de lui-même, et fleurit en juillet. La transplantation ne lui plaît pas.

On cultive encore en pleine terre le thlaspi jaune, *Alysse* ou *Corbeille d'or*, dont la feuille a beaucoup de ressemblance avec celle de la *giroflée rouge*. Branches nombreuses et presque rampantes. Fleurs, en mai, jaune d'or brillant, petites et réunies en bouquets. Le *thlaspi* s'écarte trop en vieillissant, aussi est-on dans l'usage de le semer tous les ans pour avoir de plus jolies plantes. De même que le premier, il se propage encore de marcottes ou par l'éclat des racines. Les *thlaspis* ne sont pas difficiles sur le choix du terrain.

THUYA DU CANADA, Arbre de vie. Le *thuya* est un arbre vert assez rustique, qui s'élève en forme pyramidale à plus de 10 mètres. Ses feuilles, très-petites, épaisses et odorantes, étant froissées, ressemblent beaucoup à celles du *cyprès*. Ses fleurs terminales, mâles ou femelles, sur le même sujet, se montrent en avril.

THUYA DE LA CHINE. Il est à peu près de même grandeur que le précédent. Ses branches étant plus serrées, il figure mieux la pyramide. Le vert de son feuillage est beaucoup plus gai.

Les *thuyas* se multiplient de boutures faites à l'ombre, en terre douce, tenue fraîche, ou de semis, au printemps, dans des pots pleins de terre de bruyère et placés sur couche. Les jeunes plants doivent être levés en motte, et garantis du froid pendant deux ou trois ans.

THYM. Cette plante, ligneuse et vivace, offre plusieurs variétés, qui se multiplient toutes par l'éclat des pieds, au printemps. On peut les mettre en bordures.

TRACHELIUM BLEU. Plante fort jolie, originaire d'Alger. Bisannuelle. Fleurs bleu-violacé en corymbe. Terre légère et un peu sèche, exposition chaude. Pleine terre l'été; orangerie l'hiver. Multiplication de graines aussitôt la maturité ou sur couche au printemps.

TUBÉREUSE. Plante vivace, dont les oignons, plantés depuis février jusqu'en mai en pots (2 ou 3 en chaque pot) remplis de bonne terre légère et grasse, plongés dans une couche de chaleur tempérée, ou plantés dans la couche même, chargée de 20 c. 71 m. à 30 c. 25 m. de semblable terre, et couverts de cloches, ou d'un châssis; soutenant la chaleur de la couche jusqu'à la fin de mars ; mouillant, donnant de l'air ; ou plantés en pots au commencement d'avril, enterrés dans une plate-bande d'espalier au midi, et défendus des nuits et des temps rudes jusqu'à la mi-mai, poussent une tige haute de 65 à 97 cent. garnie de feuilles étroites, ensiformes; et produisant des fleurs axillaires vers l'extrémité, quelquefois géminées, blanches, très-odorantes, en long tube évasé et découpé en six échancrures, simples ou doubles. Lorsque les feuilles et les tiges sont desséchées, on déplante les oignons ; on jette ceux à fleur simple; on conserve ceux à fleur double, et on en sépare les caïeux qui, étant soignés comme les oignons, mais tenus moins chaudement, sont formés en deux ou trois ans.

TULIPE. Plante moyenne vivace. Une belle tulipe doit former un çalice un peu ouvert, bien proportionné ; avoir au moins trois couleurs vives, éclatantes, lustrées, bien opposées, relevées de filets noirs ou sombres. Sur les qualités et sur la culture de cette plante, nous n'entrerons point dans un détail qui n'est intéressant que pour les grands fleuristes, qui en ont dénommé plus de 500 variétés. Elle s'accommode du même terrain et de la même culture que la jacinthe ; se multiplie par caïeux ou par semences, moyen d'obtenir des variétés, mais réservé pour ceux qui ont la patience d'attendre depuis trois jusqu'à neuf ans le succès de leur semis.

La TULIPE A FLEUR DOUBLE, ou plutôt semi-double, peu estimée, a de jolies variétés. La petite TULIPE DUC DE THOL n'a de mérite que par sa précocité et son odeur.

TUSSILAGE ODORANT, HÉLIOTROPE D'HIVER. Les fleurs, qui paraissent tout l'hiver, sont d'un blanc rose et répandent une odeur d'héliotrope. Cette plante demande à être garantie de la plus petite gelée ; elle se multiplie par la séparation des racines, qui sont traçantes.

VALÉRIANE ROUGE. Plante vivace. Variétés blanches et pourpres.
Multiplication, au printemps, par la séparation des touffes, ou de graines, qui se sèment souvent d'elles-mêmes.

VERGE D'OR. Cette plante vivace, donnant de jolies fleurs jaunes, offre plusieurs variétés. Peu difficiles sur le terrain et sur l'exposition, elles ne demandent pas le moindre soin et se multiplient très-facilement par les nombreux rejetons qu'elles poussent souvent de manière à nuire aux plantes voisines.

VÉRONIQUE. Cette plante vivace offre plusieurs espèces assez rustiques, qui s'accommodent de toute exposition et se multiplient de semis au printemps, ou par l'éclat des pieds et les rejetons en automne. Les fleurs de toutes sont en épis, et se montrent de mai en août.

Véronique maritime. Tiges et feuilles blanchâtres ; fleurs bleues.

Véronique de Virginie. Feuilles lancéolées ; fleurs blanches à l'extrémité des tiges d'environ 1 mètre.

Véronique a épis. Tiges de 50 centimètres ; fleurs bleu tendre.

Véronique officinale ou Thé d'Europe. Tiges d'environ 33 centimètres, couchées, menues et noueuses ; feuilles ovales, velues et dentelées.

On cultive encore, sous le nom de Véronique en croix, un bel arbrisseau toujours vert, qui donne, en juin, des grappes de jolies fleurs blanches. Il demande la terre de bruyère et l'orangerie, et se multiplie de semences ou de boutures qui reprennent assez facilement.

VERVEINE a bouquets. Bonne exposition ; terre substantielle mêlée de terreau ; arrosement ordinaire. Multiplication, au printemps, de graines qui se sèment souvent d'elles-mêmes. On propage encore par boutures ou branches enracinées.

VIGNE-VIERGE. Cet arbrisseau pousse rapidement un grand nombre de rameaux sarmenteux et longs qui s'attachent partout, et se multiplie de graines, marcottes ou boutures : elle s'accommode de toutes sortes de terres et d'expositions.

VIOLETTE. Il en existe deux variétés : la *double* et la *blanche*. Emblème de la candeur. La multiplication de toutes est très-facile.

CULTURE ET PROPRIÉTÉS

DES PRINCIPALES

PLANTES MÉDICINALES

ABSINTHE. Nous avons donné plus haut la culture de cette plante. L'absinthe est employée avec succès dans la médecine humaine et vétérinaire, comme un excellent tonique. Elle est fébrifuge et chasse les vers. On emploie ses feuilles en infusion dans l'eau, le vin ou l'alcool.

ACACIA. Le suc d'acacia est un astringent recommandé dans le vomissement, la diarrhée, le diabète, les hémorrhagies. Il est un des ingrédients de la thériaque et de plusieurs autres préparations pharmaceutiques. La gomme arabique, dont les usages sont variés et si importants, est un produit de l'acacia.

ACANTHE. Cette plante a des propriétés émollientes et l'on s'en sert en cataplasmes, en fomentations, en lavements pour calmer les irritations inflammatoires ou nerveuses. Sa racine, légèrement astringente, est employée contre l'hémoptysie, la diarrhée et même la dyssenterie.

ACHE. Pilées et appliquées sur les contusions, les feuilles d'ache· agissent comme résolutives; aussi les emploie-t-on avec succès pour diminuer ou dissiper le lait qui gonfle ou engorge les mamelles.

ALKEKENGE. Tiges de 50 cent.; fleurs d'un blanc terne; baies rouges ou jaunes. Cette plante, dont la racine est vivace, aime à la fois l'ombre, la chaleur et une terre légère. Ses fruits, acides et rafraîchissants, sont servis sur table dans quelques contrées. L'usage de ces fruits ou leur suc convient dans l'hydropisie et les inflammations qui succèdent aux fièvres intermittentes. L'alkekenge pousse aux urines.

ANGÉLIQUE. Ses racines et ses feuilles sont excitantes et carminatives.

ANIS. Mêmes propriétés, pour la graine seulement.

ARRÊTE-BŒUF. Les racines sont excitantes et diurétiques.

AUNÉE. Tiges de 1 mèt. à 1 mèt. 30. Grandes fleurs jaunes radiées de juillet et août. Multiplication de graines et d'éclats. Les racines sont expectorantes-excitantes.

BARDANE. Tiges de 65 cent. à 1 mèt. Fleurs purpurines, en août; tout terrain; multiplication de graines. La racine est dépurative.

BELLADONE. Plante de 1 à 2 mètres; feuilles vert foncé, fleurs d'un pourpre violacé, en forme de cloches, fleurissant pendant tout l'été; fruits semblables à des guignes. La belladone est un poison violent, mais la médecine en tire un précieux secours; car, en pilules ou en pommade, son suc a la propriété de faire taire la douleur dans toutes les maladies où elle est prédominante.

BISTORTE. Tiges de 35 cent. Fleurs couleur de chair, en août. Multiplication de graines ou d'éclats. Terre humide ou ombragée. La racine est astringente.

BOUILLON-BLANC ou MOLÉNE OFFICINALE. Cette plante bisannuelle, généralement connue, vient partout, mais beaucoup mieux dans un terrain sec et chaud; elle se sème d'elle-même. Ses propriétés et son beau port doivent engager les amateurs à en admettre quelques pieds dans les jardins.

Les feuilles et les fleurs de la *moléne*, bouillies dans l'eau et dans le lait, calment la toux et les ardeurs de la poitrine. Employées en forme de cataplasme, elles peuvent guérir les panaris, les brûlures et les hémorroïdes enflammées. La graine, jetée dans un vivier, frappe d'étourdissement le poisson, qui se laisse prendre à la main.

BOURRACHE. Tige d'environ 70 centimètres; jolies fleurs bleues. La plante se reproduit partout avec une extrême facilité.

Tout le monde connaît l'usage de ses fleurs, mêlées à celles de la *capucine*, pour orner les salades, et personne n'ignore que sa racine, ses tiges et ses feuilles, en décoction miellée, facilitent l'expectoration, et sont bonnes dans les fièvres ardentes et les embarras du foie.

CAMOMILLE ROMAINE. Les fleurs et les tiges fleuries sont très-stomachiques.

CÉLERI. La racine est diurétique, excitante et tonique.

CENTAURÉE (PETITE). Tiges de 35 centimètres. Fleurs roses de juin en août. Terre légère un peu sèche. Multiplication de graines au printemps. Les sommités fleuries sont stomachiques et toniques.

CENTAURÉE-BLUET, PERCETTE, CASSE-LUNETTES, BARBEAU DES BLÉS. Tout le monde connaît cette plante dont les fleurs infusionnées sont excellentes pour les inflammations des yeux.

CHICORÉE SAUVAGE. Les racines et les feuilles sont dépuratives.

CHIENDENT. Plante graminée, qui se multiplie par ses traces. Tout terrain et toute exposition ; la racine est émolliente et pousse aux urines.

CIGUE. Plante de 1 mètre à 1 mètre 50 centimètres. Fleurs blanches en ombelle, en juin et juillet. Multiplication de graines au printemps, en place ou en pépinière, pour repiquer à 1 mètre de distance. Terre substantielle, humide, ombragée. Les feuilles ressemblent à celles du persil. La ciguë est un poison violent ; mais la médecine emploie ses feuilles et ses racines comme narcotiques. On en fait des emplâtres pour dissoudre les tumeurs.

COCHLÉARIA. Plante de 20 à 30 centimètres. Petites fleurs blanches. Tout terrain ; multiplication de graines au printemps ; arrosements. Les feuilles sont anti-scorbutiques.

CONSOUDE (GRANDE.) Tige de 35 à 70 centimètres. Fleurs rouge-jaunâtre ou blanches. La racine sèche ou verte est émolliente.

CRESSON. Toute la plante est antiscorbutique.

DAPHNÉ LAURÉOLE ou LAURÉOLE MALE. Arbrisseau toujours vert de la famille des thymélées. Nous en avons déjà parlé; il a les mêmes propriétés médicales que le *lauréole femelle* ou *daphné mézéréon*. Les baies sont un, violent purgatif. L'écorce et les semences sont employées contre l'hydropisie.

DATURA STRAMONIUM, POMME ÉPINEUSE, STRAMOINE, HERBE AU DIABLE, HERBE AU SORCIER, ENDORMEUSE, ENDORMIE. Cette plante est un poison; mais ses feuilles en fumigation ou fumées comme le tabac sont un remède souverain contre l'asthme. On l'emploie aussi contre les maladies nerveuses et l'épilepsie. Sa semence en teinture est employée en frictions contre les névralgies de la face, du cou, etc.

DIGITALE POURPRÉE, DIGITALE GANTELÉE, GANT NOTRE-DAME. En poudre ou en infusion, elle guérit les douleurs au cœur et les palpitations. On l'emploie avec grand succès contre l'hydropisie.

DOUCE-AMERE. Les tiges sarmenteuses sont dépuratives.

ELLÉBORE NOIR. La racine est purgative.

EPINE–VINETTE. Les baies sont rafraîchissantes.

FENOUIL. Toute la plante est carminative excitante.

FUMETERRE. Tiges de 20 à 30 centimètres. Fleurs verdâtres en épi, fleurissant tout l'été. Tout terrain, toute exposition. Se multiplie de graines en place au printemps. Toute la plante est dépurative.

GENEVRIER. Les baies sont diurétiques, excitantes, atoniques.

GRATIOLE, PETITE DIGITALE, HERBE A PAUVRE HOMME. Plante vivace, qui se plaît dans les lieux humides, le long des fleuves, sur le bord des étangs. Elle donne au mois de juillet des fleurs purpurines solitaires. La gratiole est inodore, mais elle a une saveur désagréable, amère, nauséabonde. Les moutons dédaignent cette plante et l'on est obligé d'éloigner les troupeaux des prairies qui la renferment. Les chevaux la mangent, mais ils sont violemment purgés et maigrissent bientôt d'une manière notable. La gratiole, employée en infusion ou en poudre, est très-purgative. On s'en sert avec succès contre la gale et toutes les maladies de la peau, contre certaines hydropisies, contre la goutte et la dyssenterie.

GUIMAUVE. Les fleurs, les feuilles et les racines sont émollientes.

HOUBLON. Cette plante, que tout le monde connaît, est dépurative.

HOUX. La racine du petit houx est diurétique, excitante, atonique.

HYSSOPE. Cette plante est expectorante, excitante.

IRIS DE FLORENCE. Une eau souveraine pour les inflammations des yeux se compose ainsi :

Iris de Florence en poudre pour 5 centimes, sulfate de zinc ou couperose blanche pour 10 cent.; sucre candi pour 10 cent.; on met dans une demi-bouteille d'eau; on laisse reposer vingt-quatre heures, puis l'on s'en bassine les yeux soir et matin.

JALAP. Le jalap, qu'on vend dans la pharmacie en tronçons desséchés, est la racine d'un *convolvulus* d'Amérique. Il purge à petite dose, et facilement.

JOUBARBE, Fil d'araignée. *Sempervivum arachnoïdium.* Famille des joubarbes. C'est une plante grasse des Alpes. Elle est vivace. On la cultive en pot, au fond duquel on met des pierrailles, puis du terreau mêlé de vieux mortier. On enterre le pot au midi, au pied d'un mur. On a soin d'en renouveler la terre tous les trois ans. Cette plante se multiplie par ses rosettes, qui s'allongent et qu'on peut mettre en terre sans racines tout l'été. Ces rosettes sont couvertes de poils qui paraissent les attacher les unes aux autres, et imitent le tissu d'une toile d'araignée. Les fleurs, en août, sont roses et jolies.

Grande Joubarbe (*sempervivum tectorum*). Elle vient sans culture sur les vieux murs; ses fleurs sont en grappes et purpurines ; elles paraissent en juin, et sont suivies de graines en automne. Ses sucs émollients apaisent les douleurs hémorrhoïdales. Selon Tournefort, un demi-litre de suc de joubarbe contribue à guérir les chevaux fourbus.

La Petite Joubarbe ou Orpin blanc (*sempervivum album*) croît aussi sur les toits. Son suc est également émollient. Il rougit le papier bleu. Cette plante est cultivée dans quelqnes jardins pour être employée en salade. Elle donne au mois de juin de petites fleurs en formes de roses, en corymbes, au sommet des branches et d'un jaune blanchâtre.

JOUBARBE VERMICULAIRE (*sempervivum acre*). Cette plante se trouve également sur les vieilles murailles et dans les lieux arides. Elle sèche en hiver. Ses fleurs jaunes et petites, en étoiles, sont rangées comme en épis au bout des tiges, qui se divisent en trois branches.

Le suc de la *vermiculaire* est caustique. On la pile avec du beurre frais, et on l'applique sur la tête pour guérir la teigne. On s'en sert pour fomenter les cancers et la gangrène.

JOUBARBE PYRAMIDALE (*sempervivum pyramidale*). La tige de cette plante, de Provence, est garnie de fleurs blanches. Elle réussit dans un mélange de terreau et de sable et y fleurit la troisième année. On reconnaît que les pieds donneront des fleurs, lorsque leur centre est garni de petites feuilles tendres propres à fournir une tige.

JUJUBES. *Rhamnus ziziphus*. Famille des nerpruns. Les jujubes sont les fruits du jujubier, arbre de l'Arabie, qui est actuellement fort commun en Languedoc et en Provence, où il s'est très-bien naturalisé, et que l'on cultive partout dans les serres. Il est de la grandeur d'un olivier et tortueux. Il produit un fruit oblong, de la figure et de la grandeur d'une olive, d'abord verdâtre, ensuite jaunâtre, enfin rouge ; il n'y a que la pellicule de cette couleur. Ce fruit renferme une pulpe blanchâtre, molle, fongueuse, d'un goût doux et vineux; au milieu de cette moëlle est un noyau oblong, graveleux, très-dur, qui contient deux amandes lenticulaires, dont l'une avorte le plus souvent.

Les jujubes se cueillent dans leur maturité; et, étant récentes, elles servent de nourriture familière et agréable aux peuples des pays où elles croissent. On en expose au soleil sur des claies et sur des nattes de paille, jusqu'à ce qu'elles soient ridées et sèches, et, en cet état, on nous les envoie. On en fait des décoctions salutaires. Par leur mucilage doux, elles apaisent les irritations de la poitrine et des poumons, et calment les toux fâcheuses.

La pâte de jujubes est pectorale et émolliente; elle fait un excellent effet, quand on en prend le matin en se levant, si on la laisse fondre lentement dans la bouche, et elle facilite l'expectoration des matières accumulées dans les bronches pendant la nuit. Elle calme la toux et l'irritation des poumons.

JUS D'HERBE. On obtient les jus d'herbe en pilant les plantes fraîches dans un mortier de marbre avec un pilon de bois; on les réduit en une espèce de pulpe, que l'on exprime dans un linge un peu fortement. Il passe un suc trouble, coloré en vert.

On peut clarifier, au moyen de la chaleur, du blanc d'œuf, etc., lorsqu'on opère sur des plantes qui ne contiennent pas de principes volatils, telles que de la chicorée, le pisse en lit, la fumeterre, la laitue, la saponaire, la bourrache, l'oseille, etc.

Le suc des plantes dites *antiscorbutiques*, telles que le cresson, la véronique d'eau, le cochléaria, le cerfeuil, le ményanthe ou trèfle d'eau, se dépure par le repos et la filtration à travers le papier joseph.

Lorsque les plantes sont trop sèches ou trop visqueuses, on ajoute un peu d'eau tiède en les pilant, ce qui arrive rarement dans la bonne saison.

On fait un sirop avec le jus des herbes mêlé à l'eau de gomme pectorale.

On fera un sirop avec le jus de feuilles de capillaire, de véronique, d'hyssope, de lierre terrestre, parties égales mêlées. Leur infusion est stimulante, incisive, expectorante et sudorifique.

On compose un sirop béchique avec un mélange de fleurs de mauve, de bouillon-blanc, de coquelicot, de pas-d'âne, parties égales.

Leur infusion est émolliente et adoucissante, et convient lorsqu'il y a beaucoup d'irritation et d'inflammation dans les bronches, la gorge et dans les poumons.

JUSQUIAME NOIRE. (*Hyosciamus vulgaris*). Famille des solanées. Elle croît dans les champs et le long des chemins. Ses feuilles, d'un vert gai, ont une odeur forte et puante; leur suc rougit le papier bleu. Les fleurs sont en épis, d'un jaune pâle, veinées d'un pourpre brun dans le centre. Le fruit a la figure d'une marmite.

La Jusquiame blanche (*Hyoscyamus albus*) est plus petite et moins rameuse.

La Jusquiame dorée (*Hyoscyamus aureus*) se cultive en pot dans une orangerie, et dehors en été, au grand soleil. Elle est originaire de Provence.

La jusquiame a les propriétés des narcotiques. Ses émanations causent des étourdissements et des maux de tête à ceux qui s'endorment sous son ombrage. L'antidote de la jusquiame est le même que celui des narcotiques. Elle tue la volaille, mais elle paraît salutaire aux cochons. L'extrait de la jusquiame, pris à la dose d'un grain, convient pour calmer les tremblements convulsifs, les frissons et syncopes.

Onguent de jusquiame contre les tranchées et coliques. Faire cuire les feuilles avec du s indoux, en frotter un papier gris, et l'appliquer sur le ventre.

LAVANDE. Les épis fleuris et les feuilles sont aromatiques et excitants.

LIERRE TERRESTRE, Rondette, Terrette, Herbe a la Saint-Jean. Le lierre terrestre fleurit en avril et mai ; il abonde dans les endroits couverts, humides, dans les fossés, le long des haies et des buissons. L'infusion de ses fleurs convient dans la toux, le catarrhe et les maladies de poitrine.

LILAS. L'infusion des fleurs de *lilas* dissipe les vents.

LIN. On connaît l'emploi de ses graines et |de leur farine. C'est l'un des meilleurs émollients.

MARJOLAINE, Origan. On fait usage de l'*Origan-Marjolaine* en fomentation et en bain contre les rhumatismes et le torticolis. Son huile volatile calme les douleurs des dents cariées. On assure qu'un petit paquet de cette plante, suspendu dans un tonneau de bière, l'empêche d'aigrir.

MAROUTE ou Camomille puante. Tige de 35 à 70 centimètres. Fleurs blanches, à disque jaune en juin et juillet. Terre légère et maigre. Se multiplie de graines. On emploie la plante entière comme excitante et antispasmodique.

MARRUBE blanc. Plante de 35 à 70 centimètres ; petites fleurs blanches pendant tout l'été ; terre légère, substantielle ; en position chaude ; multiplication de graines et d'éclats. Les feuilles et sommités fleuries facilitent l'expectoration et sont légèrement excitantes.

MATRICAIRE. Mêmes propriétés que la précédente. Cette plante peut être employée contre les vers ; on lui attribue beaucoup d'autres vertus contestées par la médecine moderne. Les abeilles ne peuvent supporter l'odeur de la *matricaire*.

MAUVE. L'espèce sauvage, annuelle, très-commune et rustique, a des propriétés émollientes, adoucissantes, rafraîchissantes et relâchantes. En infusion, elle est employée dans toutes les affections de l'appareil urinaire, dans la diarrhée, dans la dyssenterie, la toux et les maladies du poumon. On l'administre en lavement pour combattre la constipation chez les sujets ardents et secs et pour calmer les coliques.

Les jeunes pousses de cette plante peuvent se manger en salade.

MÉLISSE OFFICINALE, Citronnelle. Petites fleurs blanches, à odeur de citron, en juin et septembre ; terre légère au midi. Semis ou éclat des pieds. Les fleurs et les feuilles sont excitantes et aromatiques.

MENTHE POIVRÉE. Plante de 40 à 55 centimètres, épis de fleurs d'un rouge violâtre, en août et septembre. Terre franche, légère et humide. Multiplication de drageons au printemps et en automne.

MORELLE NOIRE. Plante de 35 à 70 centimètres. Fleurs blanches en grappes pendantes durant tout l'été. Multiplication de graines en avril. C'est un narcotique.

La Morelle officinale, qui croît le long des chemins et dans les haies, n'est en quelque sorte administrée qu'à l'extérieur, en fomentation ou en cataplasme sur les panaris, sur les dartres vives, sur les brûlures, les hémorroïdes et les parties contuses.

MOUTARDE. La graine de moutarde blanche, avalée avec de l'eau, est excellente pour toutes les affections des voies digestives.

MUGUET DE MAI, Lis de mai, Lis des vallées. La poudre de muguet, prisée comme du tabac, est excellente contre les migraines.

NAVET. La décoction du navet est en usage contre la toux, le catarrhe et la phthisie pulmonaire. On assure que, cuit et préparé en cataplasme, il peut guérir les engelures, et les maux de dents étant appliqué derrière les oreilles.

NERPRUN. Arbrisseau de 2 à 3 mètres, donnant en mai et juin des fleurs d'un jaune verdâtre réunies. Multiplication de graines ou de marcottes. Tout terrain et toute exposition. Les fruits sont purgatifs.

PARiÉTAIRE OFFICINALE. Plante de 35 à 65 centimètres, donnant en été de petites fleurs verdâtres. Multiplication de graines ou d'éclats. Terre sèche et de décombres. La plante est émolliente et diurétique.

PATIENCE. Plante de 1 mètre 30 à 1 mètre 60 centimètres, donnant en juin et juillet des fleurs verdâtres en épis. Multiplication de graines à l'automne. Terre fraîche et substantielle. La racine est dépurative.

PAVOT DES JARDINS, Pavot somnifère. Plante annuelle, originaire d'Orient, naturalisée en Europe où on la cultive comme plante économique et comme plante d'agrément. Il y a deux variétés : le Pavot noir, dont les fleurs sont purpurines, les capsules moins grosses et les graines noirâtres, et le Pavot blanc, à fleurs blanches, à capsules plus volumineuses, à graines blanchâtres. On connaît l'usage de la décoction de capsules ou têtes de pavot dans la confection des cataplasmes, en lavements, injections et lotions de toute nature. Le *sirop diacode* se prépare avec les têtes de pavot blanc. Les semences de pavot donnent, sous le nom d'*œillette*, une huile excellente pour les usages alimentaires.

PECHER. Les feuilles et les fleurs du pêcher infusées sont purgatives. De cette infusion sucrée on fait un sirop bon pour tuer les vers des enfants.

PISSENLIT. Plante dépourvue de tige, produisant au printemps une fleur grande, jaune, solitaire. Multiplication de graines. Tout terrain; la racine et les feuilles sont dépuratives.

PIVOINE OFFICINALE. Les graines, les fleurs et les racines sont antispasmodiques, excitantes.

POIRÉE ou Bette. Les feuilles de *bette*, couvertes de beurre, servent à panser les cautères. La racine de cette plante est blanche, grosse, longue, charnue, ronde et ligneuse; ses feuilles sont grandes, larges, lisses, luisantes et tendres, d'un jaune blanchâtre, remplies d'un suc ayant le goût nitreux. Sa tige s'élève à la hauteur de 1 mètre 33 c. à 1 mètre 65 c., portant plusieurs rameaux dont les extrémités sont garnies de longs épis remplis de petites fleurs rougeâtres, composées de cinq étamines; à ces fleurs passées succèdent des graines presque rondes, grosses comme des pois raboteux, de couleur cendrée, renfermant chacune trois grains de semence brunâtre, qui est bonne pour trois ans.

La culture de cette plante est fort aisée, et toute terre lui est bonne, en la préparant à l'ordinaire par un bon labour. On la sème au mois de mars dans les terres légères, et en avril dans les terres fortes. On peut faire la semence à volées, comme les maraîchers la pratiquent, ou par rayons, à 24 centimètres de distance les uns des autres, comme il est plus ordinaire dans les jardins particuliers : cette manière est plus commode pour la serfouir et la couper. Six semaines après qu'elle a été semée, on peut commencer à s'en servir; et dans cette saison, où la racine est encore faible, on la coupe à fleur de terre; elle repousse de nouvelles feuilles, et plus elle est coupée souvent, plus la feuille est tendre et onctueuse.

POMMES ÉPINEUSES, Stramoine. Le suc de la plante et les feuilles sont narcotiques.

RAFRAICHISSANTES (Plantes) pour calmer l'agitation des humeurs. — V. *concombre, melon, laitue, pourpier, chicorée, chiendent, groseillier, mauve, oranger, vigne.*

RAIFORT (Grand), Cranson rustique ou Moutarde des Allemands. Cette plante, qui s'accommode de tous les terrains, se multiplie à l'automne par l'éclat des racines ou par le semis au printemps. Ce dernier moyen est peu employé. La racine est antiscorbutique.

RICIN. La semence et les feuilles sont purgatives.

RÉGLISSE. Si on veut admettre cette plante économique dans un jardin, il faut la placer de manière à ce qu'elle ne puisse nuire, parce qu'elle trace et creuse autant que le *chiendent*. Elle se multiplie, au printemps, de drageons ou de pieds enracinés. Tout le monde connaît les propriétés adoucissantes et l'usage de la racine de *réglisse*.

· ROSE DE PROVINS. Les pétales de la fleur sont astringents.

SAFRAN. Le safran, que de nombreuses analogies rapprochent de l'iris, s'élève à 20 centimètres environ; racine bulbeuse; fleurs pourpre clair. Terre légère, sablonneuse. Multiplication de bulbes. Le safran, pris à petites doses dans les aliments, possède une vertu cordiale, stimulante et digestive. Il entre dans la composition de l'*élixir de Garus* ou *laudanum de Sydenham*, etc. Le *sirop de safran au malaga* possède une vertu calmante et fortifiante contre la coqueluche et les toux nerveuses.

Le safran s'applique sur la peau qu'on veut irriter. On l'introduit dans la bouche en gargarisme pour guérir les ulcères fétides des gencives; on l'administre en lavement dans les affections vermineuses. Quelques auteurs prétendent que la vapeur qui s'élève de la décoction de cette plante peut guérir l'affaiblissement de la vue.

SAPONAIRE OFFICINALE, Savonnière, Savonnaire, Savon de fossé, Herbe a foulon. Plante herbacée, de 70 cent.; fleurs en ombelles, blanches ou purpurines, d'une odeur agréable; croît dans les haies, les buissons, sur les bords des grands chemins. Peu difficile sur la nature du terrain; se multiplie avec la plus grande facilité par ses racines traçantes. Souvent même, elle devient incommode pour les plantes qui sont dans son voisinage, et si l'on n'a pas soin de veiller à ce qu'elle ne se propage pas trop, elle ne tarde pas à envahir beaucoup d'espace. Elle mérite d'ailleurs, par la beauté de ses fleurs et son odeur agréable, de se trouver dans tous les jardins. En décoction, la saponaire est dépurative; on emploie aussi le jus de ses feuilles pilées; enfin, les feuilles en cataplasme sont excellentes contre les engorgements lymphatiques.

SAUGE. Les feuilles et les fleurs sont excitantes, aromatiques.

SCILLE. Plante bulbeuse dont la racine atteint quelquefois la grosseur de la tête d'un enfant; fleurs blanches en grappe ou épi. C'est un poison pour les chiens et les chats. Prise à forte dose, elle détermine aussi la mort de l'homme. Elle est excellente contre l'hydropisie, et contre certaines affections du cœur et des poumons.

SERPOLET. Petite plante dont les feuilles approchent assez de celles du *thym*; elle s'étend sur terre, et croît aux lieux humides et montagneux.

Elle convient pour élever le ton de l'estomac et des intestins aux sujets affaiblis par les travaux de l'esprit. On attribue à son infusion la faculté de dissiper du cerveau les vapeurs du vin. Les abeilles aiment beaucoup ses fleurs, qui donnent un bon goût au miel. La chair des moutons qui broutent le *serpolet* acquiert une saveur très-recherchée.

TANAISIE. Les sommités des tiges, les fleurs et les graines ont des propriétés antispasmodiques excitantes.

TORMENTILLE. Plante d'environ 35 centimètres; fleurs jaunes, solitaires pendant tout l'été. Terre légère et sèche; multiplication de graines ou d'éclats. La racine est astringente.

TRÈFLE D'EAU. Les feuilles sont excitantes, aromatiques.

VALÉRIANE. La *valériane sauvage* ou *officinale* croît dans les bois aux lieux humides. Sa racine, qui a la propriété d'attirer les chats, a été administrée avec succès dans l'épilepsie produite par la peur, la colère et autres affections morales.

VERVEINE OFFICINALE. Très-commune le long des haies, sur le bord des chemins.

Les anciens accordaient à cette plante la vertu de *rallumer* les feux de l'amour, de réconcilier les cœurs aliénés par la haine. On s'en servait pour purifier les autels de Jupiter.

Ses propriétés médicales, sacrées et magiques, ne reposent que sur des faits douteux ou des préjugés. La *verveine* ne mérite pas grande confiance, et son usage médical est aujourd'hui tombé en désuétude.

VÉLAR, HERBE SAINTE-BARBE, JULIENNE JAUNE. Plante vivace qui s'accommode de toutes sortes de terres et d'expositions, et se multiplie, au printemps, de boutures ou de pieds éclatés. Tiges d'environ 65 centimètres.

Elle est antiscorbutique.

CLASSIFICATION DES PLANTES

**SUIVANT LEUR HAUTEUR, LEURS COULEURS ET L'ÉPOQUE
DE LEUR FLORAISON.**

PREMIER RANG. PLANTES DE 3 à 18 CENTIMÈTRES.

Fleurs de printemps vivaces. — Jaunes : crocus, alysse,
corbeille d'or, renoncule repens. — Blanches : galantine, nivéole, primevère blanche, violette blanche, ornithogale um-
bellatum ou belle d'onze heures, muguet, araiste ou argentine, renoncule rutæfolius. — Rouges : cyclamen europæum.
— Roses: cyclamen hederofolium, bulbocode ou merendera
verna et tigrida. — Violettes : violettes, lilas, statice ou
gazon d'Olympe. — Bleues: gentiane acaulis. — Variées :
primevère, muscari suaveolens, marguerite vivace ou pâquerette, oreilles d'ours.
Annuelles. — Bleues: campanule des Alpes. — Jaunes :
réséda. — Roses : gyrophile muralis.
Fleurs d'été vivaces. — Rouges : ficoïde linguiforme. —
Annuelles. Lilas : giroflée de Mahon. — Blanches : basilic.
Fleurs d'automne vivaces.—Blanches : tussilage odorant,
héliotrope d'hiver.—Variées: colchique.—*De terre de bruyère*:
amaryllis jaune.

SECOND RANG. PLANTES DE 21 à 33 CENTIMÈTRES.

Fleurs de printemps vivaces. — Jaunes : anémone ra-
nunculoïde, ellébore hyemalis, petite-éclaire, narcisse, porjon,

jonquille, renoncule bulbeuse, adonis vernalis, ficoïde dola-
biforme, cypripède calceolus ou sabot de Vénus.— Blanches:
ibéride, tourette, érythrone à longues feuilles, saxifrage
umbrosa, id. hyproïde, narcisse des poëtes, arénaire, anémone à fleurs de narcisse, iris Swertii. — Rouges : anémone
pavonina, cyclamen de Perse, lichinide alpina, id. spectabilis,
giroselle. — Roses : ellébore niger, érythrone flavescens,
ficoïde hispidum, glaïeul bysantinus, ficoïde denteculatum,
phlox subulata, saxifrage sarmentosa, drave. — Violettes:
soldanelle, iris sysirinchum. — Bleues: cynoglosse ompha-
lodes, iris persica, anémone pulsatile ou coquelourde, gentiane
verna, anémone aponina, muscari cosmosum, id. monstruosum,
iris graminea.—Variées : iris pumula, frétillaire méléagre,
jacinthe, fumeterre bulbosa, renoncule asiatique, glaïeul
commun, id. grandiflorus.

Annuelles.—Blanches : Blete capitatum. — Bleues : campanule speculum.— *De terre de bruyère.*— Blanches : érythrone.—Rouges : pachcasandre trillium.

Fleurs d'été vivaces. — Jaunes : lysimachie trisiflora. —
Blanches : pirole rotundifolia, achillée falcata. — Rouges :
saxifrage sarmentosa.— Roses : énothère rosc. — Oranges :
épervière orangée. — Violettes : aster vivace ou alpinus. —
Lilas : phlox reptans, id amœna et pilosa.—Bleues : swertia
vivace, besmudienne à petites fleurs.— Brunes : phlox divaricata.—Variées : anémone hortensis, id. stellata, renoncule,
africanus, orchia dives Brunelli. — Odorantes : bragalon.

Annuelles. — Jaunes : athanasie annuelle, ficoïde pomeri-
diana, hibiscus manchot. — Rouges : adonis æstivalis, crepis
rouge, id. barba.—Roses : énothère Romangrowi, ficoïdet ri-
colore ou annuel. — Bleues: améthyste bleue. — Variées :
pervenche de Madagascar, pied d'alouette nain, balsamine.—
De terre de bruyère.—Blanches : ansonia, lichnie des Alpes.
— Rouges : gentiane pourpre.

TROISIÉME RANG. PLANTES DE 35 à 65 CENTIMÉTRES.

Fleurs de printemps vivaces. — Jaunes : iris lutescens,
doronic caucasium, épimède, giroflée ravenelle, guaphal

oriental ou immortelle jaune, tulipe sylvestris, id. gallica et ilsiana, fumeterre nobilis, id. lutea, celscea ou velar chrisimum, barbarea ou julienne jaune, doronic pardal Sanchii, énothère fruticosa.— Blanches : oféride de Perse ou semperflorens, tblaspic vivace, dendric ou lécophile, pivoine officinale double, podophile, id. pulsatum, id. palmatum, saxifrage rotundifolius, orobe vernus, pivoine anomala, id. fimbriata et coralina, tulipe oculus solis, lychide flos cuculli, id. viscaria et dioïca, néotie speciosa.—Roses : mélisse grandiflora, pivoine albiflora, orobe aris, hélonias, saxifrage cotyledone, geranium striatum. — Lilas : polémoine repens, lupin vivace. — Violetles : frétillaire, persica, iris versicolor. — Bleues : pulmonaire, id. de Sibérie. — Variétés : tulipe eluscana, id. stenopetala, id. campsopetala, arum crinatum, id. diacunculum et maculatum, elymophrys diversa.

Annuelles. — Roses : lopédie, gypsophèle muralis. — Violettes : gomphrène, globosa ou immortelle violette. — *De terre de bruyère.* — Blanches : dendric. —Bleues : buglosse de Virginie, ancolie Siberica.

Arbustes de printemps.—Blancs : airelle anguleuse, myrthille à fruits bleus, id. de Pensylvanie, daphné des Alpes : forthergilla. — Roses : airelle ponctuée, rosiers pompons et divers en buissons et à basses tiges.

De terre de bruyère. Arbustes de printemps.—Jaunes : polygala à feuilles de buis. — Blancs : forthergilla ledons, arbousiers raisin d'ours, itchella rampante. — Rouges : gattira du Canada. — Roses : bruyères, kalmia glauca, airelles divers.

Fleurs d'été vivaces. — Jaunes : renoncule jaune, digitales ambigula, lucinum et hypericum, anthemis tinctoria, lis monadelphum, buphthalme, gentiane purpurea, mimule gustatus, guaphale Virginica, solidago bicolor, scabieuse Alpina, achillée aurea, id. œgytrica et argeratum. — Blanches : pivoine de la Chine, anthemis nobilis, spirea filipendula, ornithogale pyramidalis, phlox candida. — Rouges : benoîte, fraxinelle. Phlox glacerinea, galane obliqua et ballata, lis concolor, bétoine, phlox ovata et fructicosa et dalea, coquelourde flos Jovis, lobelia fulgens (mais sensible aux grands froids),

geranium macrorosum, septos capensis, ou saxifrage tuberosa. — Roses : phlox setacea, bugrane rotundifolia, slevra
purpurea apocyn, achillée rosea.— Lilas : phlox devaricata, aster
trisnervis et id. incisus et oculus Christi et trifolius et grandiflorus, et Sibericus, et spectabilis.— Violettes : astragale
onobrychis et varius. — Bleues : campanule carpalica, id.
grandiflora, lin vivace, dracocéphale astracum, cupidone,
scabieuse Caucasia. — Variées : iris xiphium et xiphioïdes,
campanule persiciflora, pied-d'alouette grandiflorum, valériane
rouge, éphémère Virginica, œillets divers.

Annuelles.— Jaunes : coréopsis tinctoria, gnaph puant, ou
immortelle, cinéraire maritima, carthame tinctorius, centaurée odorante, ou barbeau, ou herbe du grand-seigneur,
genia anthénis d'Arabie, campanule aurea. — Blanches : cynoglosse lenifolium, martinie angulosa, ficoïde glaciale, ibéride umbellaria, thlaspi blanc, scabieuse stellata, boucage ou
anis, belle-de-nuit longiflora. — Rouges : amaranthe cris-
tata, ou crête-de-coq, ou passe-velours ou célosie, cynoglosse
cherifolium, lotier rouge, seneçon élégant, fabagelle purpurea,
verveine à bouquets, scabieuse atropurpurea, cacalie sagittata,
verveine aubletia. — Roses : énothère tetraptera, malope,
coreopsis cœli-rosa, charbia mitchella. — Violettes : lin Aus-
triacum. — Bleues : liseron belle-de-jour, ou convolvulus tricolor, campanule medium, nigelle de Damas ou barbe-de-
Jupiter, id. Hispanica. — Brunes : chrysanthème carnatum.
— Variées : amaranthe tricolor, giroflée incanus, id. quarantaine et græcus, nolana pavot nain, coquelourde coronaria,
ou passe-fleur, ou œillet-dieu, aster Sinensis, ou reine-marguerite, centaurée bleue, chrysanthemum coronatum, crépide,
belle-de-nuit, ou faux jalap. — *De terre de bruyère.* —
Jaunes : calcéolaire jaune, gentiane jaune. — Blanches :
lichnis verticale.

Arbustes d'été. — Jaunes : cytis capitalus, id. Austriacus,
santoline commune.

Fleurs d'automne vivaces. — Blanches : ibéride, ou thlas-
pic vivace.

Annuelles. — Jaunes : souci élevé.

Arbustes sans fleurs. — Bouleau nain, houx frélon et d'Alexandrie.

De terre de bruyère. — Jaunes : camelis à trois coques, santoline. — Rouges : potentilles formosa et atro-sanguinea. — Roses : armoise, citronnelle.

QUATRIÈME RANG. — PLANTES DE 1 MÈTRE A 1ᵐ 33°.

Fleurs de printemps vivaces. — Jaunes : asphodèle luteus, ou bâton de Jacob, morée Sinensis. — Blanches : iris florentina, julienne hesperis, matricaire mandiana, asphodèle ramosus. — Rouges : fumeterre sempervirens et spectabilis, iris cærulea. — Roses : lamier orval, mélisse phalangère tricolore. — Violettes : iris violacea. — Bleues : iris odoratissima, valériane grecque ou polémoine cærulea. — Brunes : iris supina. — Variées : ancolie vulgaris, iris Germanica et scalens.

Annuelles. — Blanches : gypsophile elata et paniculata. — Rouges : néflier hortensis, ou antisinus major, ou mufle-de-veau, ou gueule-de-lion, id. pourpre et fulgens. — Variées : muflier bicolor.

Arbustes de printemps. — Jaunes : robinier pygmée. — Blancs : armoise citronnelle, spirée à feuilles lisses. — Rouges : coignassier du Japon. — Roses : bugrane frutescens. — Bruns : aucuba Japonica. — *De terre de bruyère.* — Jaunes : badiane parviflorum. — Blancs : épigée rampante, ledon, thé du Labrador, id. palustre et decumbens. — Rouges : zanthoriza epacrides, badiane floridanum. — Roses : kalmiers à feuilles étroites, daphné d'Italie, rhodora du Canada. — Verts : compton. — Bruns : aucuba Japonica. — Variés : azalées.

Fleurs d'été vivaces. — Jaunes : millepertuis hircinum, digitale aurea, buphtalme feuille en cœur, solidago Canadensis ou verge d'or, id. latifolia, lis Pyrenaicum, gentiane lutea, senecona, donifolius et seracenicus et doria coriaceus. — Blanches : pancratiers maritimum et illyricum, varaire ou ellébore blanc, spirée ulmaria ou reine des prés, phalongère ramosus, lys de St Bruno ou liliaserum, phlox virginalis. — Rouges : pavot vivace, id. à bractées, lychnide à grandes fleurs, ficoïde micans, iris sambucina et Siberica, lychnide de Chalcédoine, ou croix de Jérusalem, galane campanulata, barlata et obliqua, phlox macrophylla, id. aspera, lobelia carnidalis, epilope angustifolium, id. angustissimus, rudlectsia purpurea, lis Caledonicum, asclépiade incarnata, astragale alopecuroïdes, bugrane ou crunis altissima, lis pomponicum.—Roses : ficoïde delloïdée, pivoine stérile, butome ou jonc fleuri, saponaire, spirée lobata, acanthe, athrana major, id. hétérophylle, guimauve officinale. — Violettes : stramoine steratocaula. — Lilas : mimule rigens. — Bleues : aconit napel, panicans améthyste, id. des Alpes, podaliria australis, échinope bleu, aconit commarum, id. paniculatum.

Annuelles. — Jaunes : énothère suaveolens ou onagre, tagètes erecta ou rose d'Inde, coqueret ou physale edulis.—Blanches : mauve divaricata.—Rouges : molène rouge, sainfoin d'Espagne. — Roses : lavater trimestris, sainfoin capitatum.— Oranges : tagètes patula ou œillet d'Inde.— Brunes : lotier Saint-Jacques. — Bleues : campanule, trachelium. — *De terre de bruyère.* — Jaunes : digitale des Canaries, gentiane visqueuse.—Rouges : asclépiade.

Arbustes d'été. — Jaunes : cytis à épi, id. noirâtre, phlomis frutescens, potentille frutescens, id. de Sibérie.—Blancs: daphné paniculée, spirée calicifolia, arbousier ursi à fruits noirs, clématite droite, hydrangée nivea, id. arborescente, symphoricarpos parviflora à fruits blancs, id. racemosa.— Rouges : cytis purpureus en chaton, myrica galé, ou piment royal. — *De terre de bruyère.* — Jaunes : phlomis frutescens. — Blancs: andromèdes divers, céonothe d'Amérique. —Roses : spirée cotonneuse, itea springelia incarnata.

Fleurs d'automne vivaces.—Blanches : galane blanche.— Rouges : eupatoire purpureum.—Roses : guimauve canabina.— Lilas : phlox decussata. — Variées : anthemis à grandes fleurs.

Annuelles. — Jaunes : rudbeckia horta et angustifolia. — Blanches : tabac undulata.

Arbustes d'automne. — Verdâtres : lauréole, id. paniculé à fruits jaunes. — En chatons : éphédra à un épi et à fruits rouges. — Sans fleurs : syringa nain. — *De terre de bruyère.* Rouges : callicarpe d'Amérique.

CINQUIÈME RANG. PLANTES DE 1 M. 65 A 2 M.

Fleurs de printemps vivaces. — Jaunes: trolle europæus. — Blanches : valériane phû. — Grises : aster argophyllus. — Rouges: fritillaire impériale, ficoïde bicolor, trolle d'Asie. — Orange : ficoïde d'or. — Violettes : phlomis tubéreux. — Bleues : géranium des prés, sauge d'Inde et bicolor, glycine de Chine, scille amœna.

Annuelles. — Jaunes : molène rugulosum. — Rouges : lunaire rouge.

Arbustes de printemps. — Jaunes : spirée du Japon, coronille des jardins, groseillier doré, id. odorant, groseilliers panachés, robinier frutescens, id. barbu et de la Daourie. — Blancs : spirée à feuilles de millepertuis, id. chamædrifolia, id. sorbifolia, id. crenata, id. ulmifolia, ragoumiers, lilas blanc, nêflier buisson ardent à fruits rouges. — Rouges : airelle corymbifera à fruits bleus, badiane floridanum, id. parviflorum, pommier de la Chine, id. à fruits rouges baccifera, id. à fruits rouges microcarpa. — Roses : pommier sempervirens, nêflier petit-corail, amandier nain et double, gainier du Canada, viorne laurier-thym.—Violets : daphné mézéréon ou bois joli.—Lilas : lilas de Marly, id. Varin, id. de Perse.—*De terre de bruyère.* Roses : kalmia latifolia et angustifolia. — Variés : rhododendrons divers. — En chatons : galés ou ciriers divers.

Fleurs d'été vivaces. — Iris des marais, id. acrolenca, id. de Virginie, id. de Rhodes, lys asphodèle, rudbeckia laciniata, id. multifida, seneçon seracenicus, id. doria, id. coriaceus, achillée, filipendula, solidago altissima, phormium tenax, casse du Maryland, hélénie, silphium laciniatium, id. trifoliatum; tanaisie vulgaire, id. du Nord, soleil vivace, id. altrorubeus. — Blanches : spirée aruncus, gypsophile de Sibérie, lys blanc, flore pleno, id. flore purpureo, id. variegatum, id. peregrinum, id. du Japon, id. bulbifère, id. croceum, asclépiade incarnata, id. de Syrie, boconier cordata, hémérocale du Japon, campanule latifolia, cacalia suaveolens, napée levis, aster amygdalium, boitania asteroïdes. — Rouges : digitale ferrugineuse, id. purpurea, amonarde didima, glycine apios, phlox Carolina, id. pyramidale, hémérocale fauve, lys du Canada, id. tigré, id. superbum, aster puniceus, silphium perfoliatum, id. terebenthinum. — Roses : pivoine montante, valériane des Pyrénées, ficoïde cactiflorum, pivoine edulis. — Lilas : phlox maculé, id. paniculé, aster de la Nouvelle-Angleterre, id. decorus. — Violettes : sainfoin du Canada.— Brunes : varaire nigrum.— Bleues : campanule latifolia, id. heriocarpa, galega officinalis, dauphinelle elatum, hémérocale cærulea. — Variées : dahlia, lys martagon.

Annuelles. — Jaunes: ximénésie jaune, soleil annuel, id. mollis, id. diffusus, id. altissimus. — Rouges : persicaire, tabac ordinaire, gaura. — Roses : phytolacca, lavater Thuringica, ricin. — Bleues: campanule pyramidale, mélilot bleu ou lotier odorant. — Variées : alcée ou passerose, id. de Chine, id. ficifolia.

Arbustes d'été. — Jaunes : cytis trifolium et sessilifolium, armoise en arbre, paliure épineux, baguenaudier d'Alep, ciste halimifolius, sumac vénéneux. — Blancs : prinos verticillé à fruits rouges, Stewartia à un et cinq styles, hydrangée quercifolia, ciste ladaniferus, id. laurifolius, id. populifolius, gatilier incisa, syringa odorant, clématite crispa, id. de Virginie. — Rouges : baguenaudier oriental, ciste pourpre. — Roses : sumac fuster, ciste symphilifolius. — Bleus: astrogène des Alpes, germandrée, clématite integrifolia. — Verdâtres : sumac vernis. — Variés : ketmie frutex. — En chatons : ephedra à deux épis. — *De terre de bruyère.* — Blancs : céphalante, lethra à feuilles d'aulne. — Rouges : phlomis lacinié.— Roses : hortensia. — Violets : phlomis tuberosa.

Fleurs d'automne vivaces. — Blanches: ketmie moschentos, id. palustris, galane glabre, Bostonia glastifolia. — Rouges : ficoïde acinaciformis, balisier. — Roses : ketmie roseus, guimauve de Narbonne. — Violettes : glycine frutescens. — Lilas : iris decussata et acuminata.

Annuelles. — Jaunes: coreopsis tripteris.

Arbres d'automne. — Jaunes : dierville. — Roses : decumaria sarmenteux. — Sans fleurs : seringa inodore, chêne des teinturiers, genèvrier Sabina mâle à fruits bleus, id. femelle à fruits rouges, genèvrier commun, id. de Suède.

SIXIÈME RANG. — ARBUSTES DE 2 MÈTRES 33
A 5 MÈTRES.

Arbustes du printemps. — Jaunes : alisier, amelanchier à fruits rouges, nêflier cotonneux, buis de Mahon, cythise des Alpes ou faux ébénier, cérisier xylostéon. — Blancs : filaria latifolia, id. medja, id. angustifolia, badiane, ou anis étoilé, cornouiller à feuilles alternes à fruits violets, spirée opulifolia, lilas blanc commun, halésie triptera et diptera, fusain latifolius à fruits rouges, id. toujours vert, id. bonnet de prêtre à fruits rouges, merisier à grappes, id. laurier-cerise, id. azarero, nêflier du Japon, alisier spicata, staphilier pirmata et trifoliata, clématite à grandes fleurs, alisier racemosa. — Rouges : clavalier à feuilles de frêne à gousses rouges, airelle en arbre à fruits noirs. — Roses : robinier satiné, id. rose inermis, pêcher à fleurs doubles, coignassier de la Chine, id. de Portugal, pommier double, poirier salicifolia, id. Sinaïca, id. polveria, chèvrefeuille des jardins, cerisier des Pyrénées, gaînier, arbre de Judée, cerisier odorant, ou Sainte-Lucie, chamécerisier de Tartarie, ou cerisier nain à fruits rouges, amandier de Géorgie, id. argentea.—Verts : nerprun alaterne, id. angustifolius, id. d'Espagne, id. varié. — Variés : célastre grimpant à fruits rouges, chèvrefeuille de Minorque, id. dioïque, id. braser, id. sempervirens, id. pilosa, id. des bois, id. Japonica, id. variabilis. — Lilas : lilas commun. — *De terre de bruyère.* — Rouges : calicanthes.

Arbustes d'été. — Jaunes : genêt d'Espagne, baguenaudier faux sené à fruits en vessie, id. media, sumac glabre ou vinaigrier, jujubier cultivé à fruits rouges, id. de la Chine. — Blancs : sureau nigra à fruits noirs, id. viridis, id. variegata, id. laciniata, id. du Canada, id. racemosa, alibousier commun ou styrax, id. glabre, pavier nain, id. de l'Ohio, gatilier commun ou arbre au poivre, latifolius, clématite odorante, id. à bractées, cornouiller sanguin à fruits rouges, id. alba à fruits blancs, id. bleu à fruits bleus, viorne nue et boule-de-neige, syringa pubescens, id grandiflora. — Rouges : sumac de Virginie, lyciet lancéolé ou jasminoïde à fruits rouges. — Roses : pavier hybride. — Violets : amorpha fructiqueux, lyciet de la Chine, lyciet africum ou jasmin d'Afrique, tous deux à fruits rouges. — Bleus : clématite bleue. — Verts : ptéléa ou orme de Samarie, sumac coriaria. — Fusain népaul, fusain noir pourpre. — *Terre de bruyère.* — Blancs : magnolias. — Roses : kalmiers à larges feuilles.

Arbustes d'automne. — Blancs : azalée spinosa, arbousier ussedo, magnoliers. — Sans fleurs : buis toujours vert, érable de Crète, genèvrier cade, houx commun à fruits rouges, peuplier, baumier ou tacamahaca, viorne aubier à fruits rouges, noisetiers variés. — *De terre de bruyère.* — Rouges : mératie odoriférant.

SEPTIÈME RANG. — ARBRES DE 5 A 8 MÈTRES 35ᵉ.

Arbres de printemps. — Alouchiers à fruits rouges , cornouiller grandiflora, frêne à fleurs, mérisier à fleurs doubles, robinier visqueux, sorbier des oiseaux, sorbier hybride, sorbier d'Amérique, tous à fruits rouges, néflier aubépine, ou épine-blanche à fruits rouges.

Arbres d'été. — Bignone catalpa, bonduc chalef, plaqueminier lotus, id. de Virginie à fruits jaunes, sophora du Japon, id. à rameaux pendants. — Sans fleurs apparentes : broussonnetier ou mûrier à papier, charme d'Italie, id. commun, chêne, saule, cyprès commun, érable commun, id. de Tartarie, id. de Montpellier, id. jaspé hybride, id. à feuilles de frêne, févier d'Amérique, id. monosperme de la Chine, id. à grosses épines, id. de la Caspienne, cèdres d'Espagne, de la Virginie et des Bermudes, houx d'Amérique, id. commun à fruits rouges, liquidambars copal et du Levant, micocoulier du Levant et à feuilles en cœur, noyer à feuilles de frêne, platanes à feuilles ondulées, à feuilles en coin ou lacinées, ou étoilées, sapin baumier et du Canada, saules odorants, marceau, ou pleureur, tupel blanchâtre à fruits rouges, id. à fruits bleus.

HUITIÈME RANG. — ARBRES DE 10 MÈTRES ET AU-DESSUS.

Arbres de printemps : cerisier de Virginie , marronnier

d'Inde, id. rubicon, pavier jaune, robiniers faux acacias, sorbier commun.

Arbres d'été : **Magnoliers à grandes fleurs et accursinés,** tilleul commun, tulipier de Virginie. — Sans fleurs apparentes : bouleaux divers, cyprès faux tuya, érable, sycomore, aglante vernis du Japon, chênes divers, plane rouge de Virginie et à sucre, frêne commun et à manne, id. de la Caroline, id. blanc, id. tomenteux, gintro à deux lobes, hêtres commun et ferrugineux, mélèzes d'Europe et d'Amérique, cèdre du Liban, micocoulier de Provence, id. de Virginie, noyers noir, blanc et cendré, peupliers divers, ormes communs, id. pédunculé, rouge crispé.

ARBRES TOUJOURS VERTS DE 33 à 65 CENTIMÈTRES.

D'été. — Jaunes : camélée à trois coques, santoline commune.

DE 1 MÈTRE A 1 MÈTRE 33.

De printemps. — Jaunes : badianes à petites fleurs, id. floridanum, buplèvre, oreille-de-lièvre. Verts : lauréole. — Bruns : aucuba du Japon.

D'été. — Jaunes : jasmin jaune. — Blancs : yucca nain. — Roses : viorne, laurier thym, hortensia, pommier toujours vert.

DE 1 MÈTRE 65 à 2 MÈTRES.

De printemps. — Blancs : houx divers, alisier toujours vert, cerisier, laurier du Mississipi, rosier toujours vert et latifolia.

D'été. — Jaunes : seneçon en arbre.

D'automne. — Blancs : clématite toujours verte. — A fleurs sans effet : chêne au kermès, bacchante, fusain toujours vert, galé à feuille en cœur, néflier pyracanthe ou buisson ardent, rosier toujours vert.

DE 2 MÈTRES 33 à 5 MÈTRES.

De printemps. — Blancs : cerisier-laurier palme, houx commun, badiane anis, filaria, érable de Crète.

D'été. Jaunes : budleia globuleuses. — Verts : nerprun alaterne, célastre grimpant. — Rouges : chèvrefeuille vert et de Minorque.

D'automne. — Blancs : arbousier unedo. — A fleurs sans effet : genèvrier, buis, chêne yeuse, laurier commun.

DE 5 MÈTRES à 10 MÈTRES.

De printemps. — Blancs : cerisier-laurier du Portugal.

D'automne. — Verts : lierre grimpant. — A fleurs sans effet : tuyas, chêne-liége de trente pieds et au-dessus, cyprès, cèdres de Virginie et du Liban, mélèze, pins et sapins, tous sans fleurs apparentes.

www.ingramcontent.com/pod-product-compliance
Lightning Source LLC
LaVergne TN
LVHW012237170726
843503LV00002B/388